KB099194

샐러던트를 위한

SPSS 통계분석과 실험논문 연구방법론

샐러던트를 위한 SPSS 통계분석과 실험논문 연구방법론

한맑음 지음

샐러던트를 위한
SPSS 통계분서과 실험논문 연구방법론

2021년 6월 8일 1판 1쇄 박음
2021년 6월 15일 1판 1쇄 펴냄

지은이 | 한맑음
펴낸이 | 한기철

펴낸곳 | 한나래출판사
등록 | 1991. 2. 25. 제22-80호
주소 | 서울시 마포구 토정로 222, 한국출판콘텐츠센터 309호
전화 | 02) 738-5637 · 팩스 | 02) 363-5637 · e-mail | hannarae91@naver.com
www.hannarae.net

ISBN 978-89-5566-252-8 93310

머리말

이 책은 저자가 대학원에서 연구방법론과 SPSS 통계 강의를 진행한 내용을 바탕으로 저술한 도서입니다. 특히, 강의할 때마다 석박사 과정을 밟는 학생들이 쉽게 이해했던 '실험논문 작성법'을 중심으로 집필하였습니다. 이번에 강의에서 부족했던 부분을 보완하고 책으로 풀어내면서 누구나 쉽게 이해할 수 있는 교재를 만들기 위해 많은 고민과 노력을 했습니다. 집필 과정에서 다양한 질문과 조언을 주신 동료 박사님들, 교수님들, 연구원님들께 감사하다는 말씀을 전합니다.

이 책은 직장생활을 하며 대학원을 다니는 샐러던트(salaried student)들을 대상으로 집필하였습니다. 직장생활과 대학원 공부, 두 마리 토끼를 잡는다는 것은 결코 쉬운 일이 아닙니다. 대학원생 시절 처음 논문을 접했을 때 어렵고 힘들었던 생각이 아직도 생생합니다. 필자 역시 직장생활을 하면서 대학원을 다녔기 때문에 누구보다 샐러던트들의 마음을 이해할 수 있습니다. 같은 마음이기에 꼭 필요한 핵심만을 본서에 담기 위해 오랜 시간 고민하고, 간추리고 다듬는 데 많은 공을 들였습니다.

이 책의 특징은 크게 두 가지입니다.

- 첫째, 어려운 용어들과 개념, 통계 공식들을 최대한 쉽게 그러나 명확히 이해할 수 있도록 불필요한 내용은 요약하고 핵심 내용만 간추렸습니다. 무엇보다 주경야독(晝耕夜讀)하는 이들이 논문 통과에 조금

더 쉽게 다가갈 수 있도록 '실험논문 작성법'을 중심으로 이론들을 정리하여 담았습니다.

- 둘째, 한 가지 실험연구 방법에 집중하여 서술하였습니다. 논문을 작성하는 방법과 이론들은 매우 다양합니다. 그러나 여러 개의 방법과 이론들을 모두 섭렵하기보다는 한 가지 실험연구 방법을 선택하여 집중하는 방식이 때로는 더 효과적일 수 있습니다. 공부할 시간이 부족한 샐러던트들에게는 더욱더 그러하다고 생각합니다. 졸업을 위한 학위논문은 여러 편이 아니라 한 편만 작성하면 됩니다. 이 책에서 강조하는 연구방법론 이론들과 실험연구 방법만 습득해도 충분히 응용하여 한 편의 학위논문을 작성할 수 있으리라 생각합니다.

필자가 대학원을 다니던 시절 지도교수님께서 해주신 말씀이 떠오릅니다.

"석사는 교수에게 지도를 받으며 논문을 작성할 수 있는 능력이 있는가를 확인하는 과정이고, 박사는 도움 없이 혼자서 연구할 수 있는 능력을 평가받는 과정이다."

시간이 지나고 생각해보니, 샐러던트들에게 있어 능력을 평가받는 데 가장 중요한 부분은 과학적으로 논문을 작성할 수 있는 연구방법론 이론을 습득하는 것입니다. 이 과정을 통과하면 누구라도 혼자서 연구하고 학위논문을 작성할 수 있는 능력을 갖추리라 확신합니다. 독자 여러분들도 본서를 통해 기초적인 연구방법론 이론을 습득하시고, 실험연구를 통해 논문 작성을 무사히 완료하시길 바랍니다.

끝으로 덧붙이면, 샐러던트들의 입장에서 많이 고민하고 실제적으로 도움이 될 수 있는 내용을 담고자 노력했지만 분명 부족한 부분이 있을 것입니다. 이러한 부분들은 독자 여러분들과 소통하면서 보완해 나갈 것을 약속드립니다.

2021년 5월

한맑음

차례

1장
논문이란?

논문이란 무엇이며 어떠한 방법으로 작성해야 하는지 살펴보고, 논문의 종류를 구분해본다.

1 논문의 정의

논문에 대한 사전적 정의는 "자신의 참신한 학문적 주장 혹은 가설을 적합한 절차와 형식에 맞추어 이론적으로 논증하거나 재현 가능한 실험결과·통계분석으로 입증하는 글"이다. 즉, 논문에서는 과학적인 방법을 바탕으로 본인의 주장을 뒷받침할 수 있는 타당한 논리와 가설을 제시해야 한다. 이때 '과학적 방법'이란 조사, 실험과 통계분석을 통해 결론을 도출하고 이론적 함의를 제안하는 과정을 의미한다. 논문을 작성하기 위해서는 이러한 과학적인 방법을 필수적으로 갖추어야 한다. 과학적 방법을 통해 문제를 해결하고 그 결과들을 한데 묶어 체계화된 이론을 형성할 수 있어야만 한 편의 논문이 될 수 있다.

미국의 학자 찰스 샌더스 퍼스(Charles Sanders Peirce)는 인간들이 어떤 사물을 이해하거나 주어진 문제에 대해 결론을 내리는 방법을 네 가지로 설명하였다.

- **아집적 방법**(method of tenacity)
- **권위주의적 방법**(method of authority)
- **선험적 방법**(a priori method)
- **과학적 방법**(scientific method)

첫 번째 아집적 방법은 자신이 믿고 있는 것에 따라 본인이 판단하여 결론을 내리는 것이다. 두 번째 권위주의적 방법은 권위가 있다고 판단되는 사람들의 주장이나 글을 근거로 결론을 내리는 방법이다. 세 번째

선험적 방법은 자신의 직관에 의지해서 결론을 도출하는 방법이다. 그리고 네 번째 과학적 방법은 개인적인 편견, 태도, 감정, 가치관 등을 떠나서 주어진 현상에 대해 객관적으로 검토한 후 그에 대하여 결론을 추출하는 방법이다. 퍼스는 '과학적 방법'만이 문제해결에 있어 가장 중요한 방법이라고 주장하였는데, 논문 작성에서 주요하게 여겨야 할 부분 역시 과학적 방법론이다. 과학적이고 체계적인 방법을 바탕으로 논문을 작성해야만 문제를 해결하고 이론을 성립할 수 있다.

2 논문의 종류

논문은 일반적으로 실증논문, 고찰논문, 이론논문 세 가지로 구분할 수 있다. 사회과학 분야의 학위논문과 학술논문의 경우 대부분 실증논문 형태다. 고찰논문 형태도 있지만 실증논문과 비교해서 학문적 기여도가 낮다는 단점이 있다. 따라서 학위논문이나 학술논문을 진행할 때는 체계적인 연구방법론을 통해 진행하는 실증논문 형태로 작성하는 것이 좋다.

- 실증논문(empirical article)

  실증논문은 조사를 실시하여 가설 검증을 거쳐 결론을 도출하는 형태의 논문이다. 철저한 선행연구 검토를 통해 이론적 근거를 제시하여 가설을 세우고, 조사와 통계분석을 통해 해당 가설을 검증하는 방식으로 진행한다.

- 고찰논문(review article)

  고찰논문은 이미 발표된 자료들을 조사하여 평가하는 방식의 논문이다. 현재 직면하고 있는 상황과 유사한 사례들을 찾아 분석하고 간접적인 경험과 논리를 얻을 목적으로 진행하는 사례연구, 또는 기존에 학술연구지·신문·잡지·보고서 등에 발표된 자료들을 수집하거나 정리해서 평가하는 문헌연구가 고찰논문에 속한다.

- 이론논문(theoretical article)

  이론논문은 실증논문과 달리 새로운 이론을 제시하는 유형의 논문이다. 즉 연구자가 새로운 이론을 제시하거나 발전시키기 위해 기존의 조사연구 문헌을 정리하거나 작성하는 논문 형태다.

2장

연구방법론의 중요성과 주제 잡기

논문 작성의 바탕이 되는 연구방법론 및 논문 주제를 잡기 위한 아이디어 발상법을 살펴본다.

1 논문 작성을 위한 필수 조건, 연구방법론

한 편의 논문을 작성하기 위해서는 다양한 조건들이 뒷받침되어야 하지만 그중 가장 중요한 조건은 '과학적 방법론'이다. 아무리 좋은 연구주제가 있어도 과학적인 방법을 바탕으로 한 연구방법론이 뒷받침되지 않으면 체계화된 이론은 성립될 수 없다. 논문의 목적은 주어진 현상과 관련 있는 변수(variable)들의 관계를 기술하여 알아보고, 변수들의 관계를 바탕으로 주어진 현상을 예측하고 통제하는 데 있다.

그런데 논문을 처음 접하는 학생들은 과학적인 방법론은 생각조차 하지 않고 좋은 주제가 무엇인지만 고민할 때가 많다. 특히 인문, 예체능 계열의 학생들이 논문 작성을 매우 어려워하는 경우가 많은데, 그 주된 원인이 바로 연구방법론을 제대로 알지 못하기 때문이다. 연구방법론에 관한 수업 자체가 없는 학교도 많다. 연구방법론을 모르는 상태에서 논문을 작성한다는 것은 운전면허 없이 운전을 하는 것과 같다. 방법론을 제대로 이해한다면, 주제에 대한 고민 없이 어떤 논문이든 쉽게 접근하고 작성할 수 있다. 요컨대 논문을 작성하기 전에 연구방법론을 이해하는 것은 필수 조건이다.

서점에 가면 논문작성법이나 연구방법론과 관련된 책들을 쉽게 접할 수 있다. 이는 논문을 작성하기 위해서 중요하게 다뤄야 하는 이론들이 그만큼 많다는 것이다. 그렇다면 한 편의 논문을 작성하기 위해서 수많은 연구방법론 관련 서적에서 주장하는 모든 이론을 공부하고 터득해야 할까? 필자는 그렇지 않다고 생각한다. 논문 작성을 위해 딱 한 가지 방법론과 통계분석 방법만 알고 있어도 그에 맞춰 학위논문, 학술논문을 충분히 작성할 수 있다고 생각한다. 물론 필자와 생각이 다른 사람도 있을 것이다. 그러나 앞에서 언급했듯이 이 책은 직장인 대학원생인 샐러던트(salaried student)들을 대상으로 하고 있다. 즉 낮에는 직장생활을 하고 저녁에는 대학원에서 학업을 병행하는 사람들, 일반대학원 학생들보다 공부할 시간이 부족하고 졸업을 위해 꼭 논문을 작성해야 하는 학생들을 위한 책이다.

이 책에서 설명할 연구방법론은 실험연구를 기반으로 한 방법론이다. 직장인 대학원생들을 위해 핵심 이론만 요약해 설명했고 매뉴얼처럼 따라 하면 논문을 작성할 수 있도록 집필했기 때문에 광고홍보, 언론학, 커뮤니케이션, 마케팅, 경영학, 심리학, 디자인과 같은 전공 분야의 샐러던트들이 활용하면 짧은 시간 안에 원하는 목적을 성취할 수 있을 것이다. 물론 일반대학원 학생들도 유용하게 활용할 수 있다. 다음 장부터 설명할 연구방법론의 기본 개념들을 잘 이해하고, 방법론에 맞춰져 있는 SPSS 통계분석 부분을 그대로 따라 하다 보면 큰 어려움 없이 논문을 작성할 수 있을 것이다.

2 논문 주제를 잡기 위한 아이디어 발상

'시작이 반이다'라는 말이 있다. 논문은 주제를 잡는 것으로부터 시작한다. 주제를 잡았다면 이미 논문의 반은 끝난 것이라고 봐도 될 만큼 주제를 정하는 일은 중요하다. 논문의 주제를 잡기 위한 아이디어 발상에 대해 알아보기 전에 먼저 주의사항부터 짚어보자.

논문의 주제를 정할 때는 자신의 상황, 목적에 맞는 주제를 선정해야 한다. 대학원생들의 목적은 학위논문 통과, 또는 학술지 소논문을 통과하여 졸업하는 데 있다. 즉, 졸업을 목표로 논문을 작성해야 한다. 이런 상황에서 가장 좋은 논문 주제는 '안정적인 주제'다. 가끔 석사과정 학생들의 논문을 지도하다 보면 아무도 쓰지 않은 특별한 주제, 학계와 실무에서 가장 핫(hot)하고 트렌디(trendy)한 주제로 논문을 쓰겠다는 학생들을 만나곤 한다. 그런데 4차 산업혁명과 같이 실무나 산업에서도 명확하게 자리 잡지 못한 개념을 논문 한 번 작성해보지 못한 대학원생이 주제로 선정하여 연구를 원활히 진행할 수 있을까? 선행연구가 부족하여 이론적 배경을 작성하기 어렵고, 가설 예측에 필요한 다양한 근거 자료들을 제시하기도 힘들 것이다. 물론 특정 전공에서 지도교수님의 지도 아래 논문 작성을 잘 마무리하는 학생도 있을 수 있다. 그러나 아직 논문을 한 편도 작성해보지 않은 초보 대학원생이라면 이러한 주제로 논문을 작성하는 것은 무리다. 이는 한 마디로 자동차 시동을 거는 방법도 제대로 모르는 사람이 운전면허 시험에서 롤스로이스, 벤틀리와 같은 고성능 자동차로 시험을 보겠다는 것과 같다. 만약 최신의 주제이지만 선행연구가 많아 이론적 배경을 작성할 수 있고, 자신의 주장을 뒷받침할 수 있는 이론적 근거들을 충분히 제시할 수 있다면 논문 주제로 정해도 괜찮다. 하지만 처음 논문을 작성하는 사람이라면 선행연구가 부족한 최신의 논문 주제는 피하는 것이 좋다.

그렇다면 어떻게 해야 자신에게 적합한 논문 주제를 보다 쉽게 잡을 수 있을까? 수많은 방법들이 존재하겠지만, 여러 시행착오 끝에 필자가 터득한 방법을 정리하면 다음과 같다.

① 반대로 생각해보기

첫 번째는 필자가 가장 중요하게 생각하는 방법 중 하나인 '반대로 생각해보기'다. 광고학 전공을 예로 들어 설명해보자. 광고는 제품의 정보, 편익 또는 서비스를 영상이나 이미지로 제작한 후 미디어를 통해 전달하여 소비자들의 구매를 촉진시키는 커뮤니케이션 활동이다. 광고 분야의 실험연구들을 살펴보면 대부분 광고메시지 소구 전략, 미디어 전략, 광고모델 전략, 이미지 전략과 같은 기존의 방법을 세부적으로 활용하여 실험을 통해 비교해본 후 광고효과가 가장 좋은 전략이 무엇인지 검증하는 논문들이다. 즉, 이러한 검증된 방법을 활용하는 경우에 광고효과를 높일 수 있다는 결론들이 많다. 가령 광고 메시지 소구 전략 중 하나인 희소성(scarcity) 메시지 전략◆과 관련한 광고 분야의 선행연구들을 살펴보면, 대부분 '희소성 메시지를 광고에 활용할 경우 일반 광고보다 광고효과가 높다'라는 결과를 내세우고 있다. 그런데 여기

◆ 희소성 메시지 전략은 광고에서 제품을 구매할 수 있는 시간을 제한하거나 구매할 수 있는 제품의 수량을 제한하는 방법이다. '1시간만 30% 할인판매', '500개 한정 30% 할인판매'와 같은 메시지를 광고에 삽입하여 제품의 가치를 상승시켜 소비자들의 구매를 촉진시키는 방법이다. 실제로 오픈마켓, 소셜커머스나 홈쇼핑에서 많이 활용하고 있는 광고 전략 중 하나이다.

서 반대로 생각해보는 것이다. '희소성 메시지가 포함된 광고를 봤을 때 모든 사람들이 해당 광고의 제품을 구매할까?'라는 질문을 해보면 이에 대한 답은 '아니다'이다. 소비자들마다 필요로 하는 제품이나 브랜드가 다를 수 있고, 판매금액에 대한 생각도 다르기 마련이다. 이외에도 아주 다양한 원인들이 구매를 하지 않도록 영향을 미칠 수 있다.

그렇다면 어떤 경우에 희소성 메시지 전략이 광고효과가 있고, 어떤 경우에 광고효과가 없을까? 기존의 선행연구들과 반대로 결과가 나타날 수 있는 내용을 주제로 잡아 그 원인을 구체적으로 검증한다면 생각보다 의미 있는 결론을 얻을 수 있다. 매우 다양한 원인들이 있을 수 있고 모든 원인을 밝혀내면 좋겠지만, 실제로 한 가지 정도의 원인만 이론적으로 밝혀내도 논문으로서 충분한 가치가 있다.

예를 들어보자. 심리학 이론에 자기통제력(self-control)이라는 이론이 있다. 이 이론은 사람이 처한 환경과 관련하여 자신의 행동을 통제하고 회피하는 사람의 심리적 성향을 말한다. 소비자 심리에 관한 선행연구들에서는 자기통제력이 낮은 사람들은 광고와 같은 외부 자극에 약하고 충동적인 구매 환경에 처했을 때 소비 유혹에 저항하는 역량이 부족하기 때문에 자신에게 불필요한 제품이나 서비스를 충동적으로 구매할 확률이 높다고 한다. 반대로 자기통제력이 높은 사람들은 충동적인 구매 환경에 처했을 때 자신의 욕구를 통제하고 이성적으로 환경을 판단하여 불필요한 제품이나 서비스의 구매를 억제할 확률이 높다고 한다. 이러한 자기통제력, 심리학 이론을 희소성 메시지를 포함한 광고 분야에 접목하여 새롭게 연구를 진행한다면 어떤 결과가 나타날까? 연구 결과를 예상해보면, 자기통제력이 낮은 사람들에게는 광고가 효과적일 수 있고 자기통제력이 높은 사람들에게는 광고효과가 없을 수 있다. 즉, 해당 논문에서는 기존의 선행연구들과는 다르게, 광고효과가 효과적이지 않을 수 있는 조건을 자기통제력이라는 심리학 이론을 통해 검증하고 새로운 결과를 찾아낸 것이다. 이러한 결과를 바탕으로 결론 부분에서 자기통제력이 높은 소비자들을 설득할 수 있는 보다 효과적인 광고 전략과 방법, 이론적·실무적 시사점 등을 의미 있게 논의한다면 한 편의 좋은 논문을 작성할 수 있을 것이다.

여기서 주의해야 할 사항은 선행연구와 반대되는 상황을 무작정 만들면 안 된다는 점이다. 예로 살펴본 자기통제력 이론과 같이 특정 이론을 찾아 선행연구들을 철저히 검토하여 이론적 근거들을 제시한 후 새로운 주제와 접목해야 한다. 따라서 자신의 전공과 관련된 논문만 읽지 말고, 다양한 전공의 논문들을 찾아보고 자신의 전공과 융합하는 것이 중요하다. '게임이 항상 청소년 폭력성에 영향을 미칠까?', '청소년들의 자아존중감이 높다면 학습효과 또는 성적이 항상 좋을까?', '기업 이미지가 좋다면 항상 그 기업의 제품을 구매할까?', '부모의 스마트폰 통제가 항상 청소년 스마트폰 중독을 예방할까?' 등등 반대로 생각해보기 방법을 적용해볼 수 있는 주제는 수없이 많다.

② 세분화시키기

논문 주제를 정할 때 활용할 수 있는 두 번째 방법은 '세분화시키기'다. 이 방법은 광고, 영상, 디자인 계열의 전공에서 연구하는 실험연구에 적합하다. 예를 들어 '스토리텔링 광고가 광고효과에 미치는 영향'이라는 선행연구가 있다고 가정해보자. 스토리텔링 광고는 기업, 제품이나 브랜드가 가지고 있는 흥미롭고 재미있는 이야기들을 광고로 제작하는 전략 중 하나다. 우리가 흔히 아는 유명 기업이나 브랜드들은 모두 스토리텔링을 기반으로 하고 있다. 프랑스의 에비앙 생수는 신장 결석을 앓고 있던 한 백작이 알프스로 요양을 가서 우연히 마시고 병이 낫게 되었다는 물로 유명하고, 미국의 지포라이터는 베트남 전쟁에 참전한 육군 중사가 적군의 총에 맞아 쓰러졌지만 주머니에 넣어둔 라이터가 총알을 막아 목숨을 구할 수 있었다는 이야기로 유명하다. 또 현대그룹은 많은 이들이 반대하거나 비웃을 때 "이봐! 해봤어?", "시련은 있어도 실패는 없다" 등의 말을 남기며 새로운 사업에 도전한 고(故) 정주영 회장의 성공 스토리를 광고나 홍보 활동에 자주 활용하고 있다. 실제로 스토리텔링 광고는 일반 광고에 비해 거부감이 적어서 소비자들에게 잘 전달되기 때문에 광고효과가 상대적으로 더 좋다는 연구들을 찾아볼 수 있다.

그렇다면 스토리텔링 광고의 효과는 다 똑같을까? 방금 예로 들었던 스토리들을 세분화해보자. 에비앙 생수와 지포라이터의 경우는 소비자들이 제품을 이용하면서 경험해본 스토리들이다. 반면 정주영 회장의 스토리는 소비자들이 제품을 이용해본 스토리가 아니라 기업의 창업과 관련된 스토리다. 이러한 스토리들을 두 가지 유형으로 나누어 비교해보면 광고효과가 어떻게 나타날까? '기업창업 스토리' vs. '소비자경험 스토리'로 세분화해 비교해본다면 또 다른 의미 있는 결과가 나타날 수 있을 것이다.

③ 선행연구들의 한계점 찾아보기

본인이 관심을 가지고 있는 주제의 연구를 찾아서 읽다 보면 대부분 마지막 장에서 연구의 한계점에 대한 내용을 접하게 된다. 연구자가 해당 연구를 진행하면서 부족했던 부분, 조금 더 보완했으면 좋았을 것 같은 부분이나 아쉬웠던 부분에 대해 마지막 장에 작성해놓은 것이다. 그런

데 이러한 연구의 한계점을 종합해 읽다 보면 후속 연구에 대한 아이디어를 제시해주는 좋은 연구 제안들을 발견할 수 있다. 논문 주제 선정에 대한 아이디어를 선행 연구자들로부터 간접적으로 제공받을 수 있는 것이다.

이외에도 해외에서 진행된 연구를 국내형으로 전환하거나, 과거에 진행된 연구를 현재 환경으로 바꾸는 방법 등을 활용해 논문 주제를 선정할 수 있다. 해외와 국내는 문화적 차이, 사회 구성원들의 인식 차이가 존재하기 때문에 선행연구와는 전혀 다른 결과를 도출할 수도 있을 것이다. 또 TV-CF 광고나 라디오 광고의 광고효과를 측정한 과거의 연구에 대해 인터넷 광고나 모바일 광고, SNS 광고와 같이 현재의 미디어 환경을 적용하여 연구를 진행해 의미 있는 결과를 얻을 수도 있을 것이다. 무엇이든지 후속 연구는 필요하기 마련이다. 그러므로 시대의 흐름에 따른 변화와 그 결과를 비교하기 위한 목적에서 연구를 진행한다면 가치 있는 결과를 이끌어낼 수 있다.

3장

연구방법론의 주요 개념들

연구방법론을 바탕으로 논문 작성 시 필요한 주요 개념인 변수와 척도에 대해 살펴본다.

1 변수

연구방법론은 변수(변인, variable)의 개념을 정확히 파악하는 데서 시작한다. 그만큼 변수의 이해는 중요하다. 변수는 연구하고자 하는 개념, 또는 속성을 관찰할 수 있도록 만들어진 것을 의미한다. 즉, 변수는 성별·나이·직업·선호도·만족도 등과 같은 조건들을 구별해주는 속성이 되며, 숫자나 값이 부여되는 일종의 기호라고 할 수 있다. 변수와 변인은 동일한 개념이며 수학적 통계적인 측면에서 변수라고 부른다.

변수는 크게 독립변수, 종속변수, 조절변수, 매개변수 네 가지로 분류한다. 혹은 변수를 측정하기 위한 척도에 따라 변수의 종류를 나누기도 한다.

① 독립변수

독립변수(independent variable)는 어떤 변수에 영향을 주는 변수, 즉 인과관계에서 원인이 되거나 원인을 제공하는 변수를 말한다. 예를 들어 "모바일 게임이 청소년 게임중독에 미치는 영향"이라는 연구가 있다면 독립변수는 '모바일 게임'이다. 또 "스토리텔링 광고유형(소비자경험 스토리 vs. 기업창업 스토리)에 대한 광고효과 차이"라는 연구에서는 두 가지 광고유형이 독립변수에 해당한다.

② 종속변수

종속변수(dependent variable)는 어떤 변수로부터 영향을 받는 변수, 즉 인과관계에서 결과가 되는 변수를 말한다. "모바일 게임이 청소년 게임중독에 미치는 영향"에서 종속변수는 '게임중독'이다. 또 "스토리텔링 광고유형(소비자경험 스토리 vs. 기업창업 스토리)에 대한 광고효과 차이"라는 연구에서는 '광고효과'가 종속변수이다.

③ 조절변수

조절변수(moderator variable)는 독립변수가 종속변수에 영향을 미칠 때 중간에서 영향을 미치는 변수를 말한다. 독립변수와 조절변수는 모두 종속변수에 영향을 미친다. 그러나 독립변수는 단독으로 종속변수에 영향을 미치는 반면, 조절변수는 단독으로 영향을 미치지 못하고 독립변수의 영향을 받아 종속변수에 영향을 미친다. 조절변수에 따라 논문의 결과가 달라질 수 있기 때문에 사회과학 연구 분야에서는 조절변수가 중요시된다.

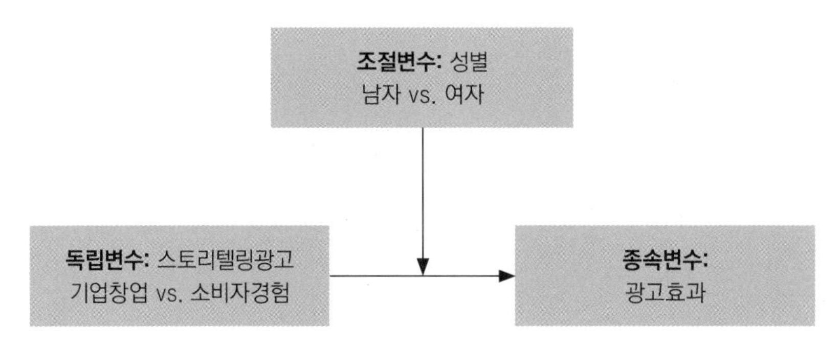

[그림 3-1] 조절변수의 예

위에서 언급했던 "스토리텔링 광고유형(기업창업 스토리텔링 vs. 소비자경험 스토리텔링)에 대한 광고효과 차이"라는 연구에서 스토리텔링 광고는 독립변수가 되고, 광고효과는 종속변수가 된다. 이때 연구자가 [그림 3-1]처럼 성별을 조절변수로 추가하여 '스토리텔링 광고는 성별에 따라 광고효과에 차이가 있을 수 있다'는 주장을 펼칠 수 있다. 분석 결과 남자의 경우 기업창업 스토리텔링 광고에 대한 광고효과가 높게 나타나고, 여자의 경우 소비자경험 스토리텔링 광고에 대한 광고효과가 높게 나타났다고 하자. 그러면 여기서 조절변수인 성별은 단독적으로 종속변수에 영향을 미친 것이 아니라, 스토리텔링 광고와 함께 광고효과에 영향을 미친 것이다. 즉 성별인 남자와 여자가 단독적으로 광고효과에 차이가 있는지 분석한 것이 아니라, 독립변수인 스토리텔링 광고 유형에 따라 광고효과가 다른지를 분석한 것이다.

조절변수를 활용한 분석의 경우 범주형 척도, 연속형 척도에 따라 분석 방법과 결과가 다르다. 하지만 조절변수가 독립변수를 통해 종속변수에 영향을 미치는 개념은 동일하다. 조절변수를 활용한 조절효과 연구는 사회과학 분야 연구에서 많이 활용되는 연구방법 중 하나다.

④ 매개변수

매개변수(intervening variable)는 조절변수와 마찬가지로 독립변수와 종속변수 사이에서 영향을 주는 변수이다. 독립변수와 마찬가지로 종속변수에 영향을 준다. 또 독립변수의 영향을 받으면서 종속변수에 영향을 미친다. 매개변수는 독립변수와 종속변수 사이를 더욱더 구체적으로 설명해주는 기능을 가지고 있다. 또한 직접효과(direct effect)와 간접효과(indirect effect)를 검증하는 데 사용된다. 이러한 이유로 조절변수와 함께 사회과학 분야 연구에서 중요시되는 변수이다.

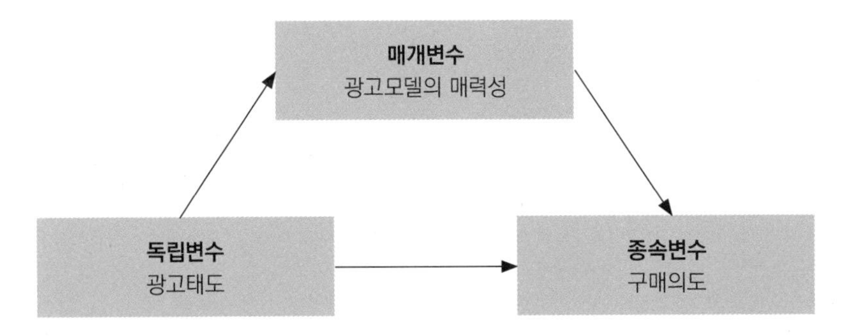

[그림 3-2] 매개변수의 예

[그림 3-2]의 경우를 살펴보자. 여기서 독립변수인 광고태도는 종속변수인 구매의도에 영향을 미칠 수 있다. 또 매개변수인 광고모델의 매력성에 영향을 미치고, 이러한 광고모델의 매력성은 구매의도에 영향을 미칠 수 있다. 즉, 독립변수인 광고태도는 매개변수인 광고모델의 매력성을 경유해서 구매의도에 영향을 미칠 수 있다.

광고태도가 구매의도에 미치는 영향은 직접효과이고, 광고모델의 매력성을 경유해서 영향을 미치는 것은 간접효과이다. 광고태도가 구매의도에 직접적인 영향을 주지 못하는 상황에서 광고모델의 매력성을 경유하여 구매의도에 영향을 준다면 이는 '완전매개효과'가 있는 것이다. 즉, 광고태도는 구매의도를 높이지 못하지만 소비자가 광고모델의 매력성을 높게 인식한다면 구매의도가 상승하므로 "광고에서 광고모델의 선정은 구매의도를 높이는 데 중요한 변수 중에 하나다"라는 결론을 얻을 수 있다.

만약 광고태도가 구매의도에 직접적인 영향을 주고 광고모델의 매력성을 경유해서 구매의도에 영향을 미친다면, 이는 '부분매개효과'가 있는 것이다. 즉 "광고태도는 구매의도를 높여주지만 광고모델의 매력성을 통해서도 구매의도를 높여준다"라는 결론을 얻을 수 있다. 매개변수를 활용한 매개효과 연구는 조절효과 연구와 함께 사회과학 분야에서 가장 많이 활용되는 연구방법 중 하나이다.

⑤ 외생변수

외생변수(extraneous variables)는 연구를 진행하는 과정에서 혼입되어 결과에 영향을 미치는 변수를 말한다. 즉 종속변수에 영향을 미치는, 독립변수가 아닌 다른 변수를 말한다. 실험연구에서는 외생변수를 얼마나 효과적으로 통제하느냐에 따라 연구 결과가 달라질 수 있다. 외생변수의 통제는 연구자가 임의로 진행하면 안 된다. 외생변수를 통제하기 위해서는 근거가 필요하고, 독립변수와 종속변수와 외생변수 간 관계에 대하여 사전지식이 있어야 한다. 외생변수를 통제하지 못하면 독립변수와 종속변수의 인과관계를 명확히 규명할 수 없다.

⑥ 통제변수

통제변수(control variables)는 독립변수와 종속변수의 인과관계에 영향을 주는 제3의 변수이다. 즉, 연구를 진행하면서 통제시켜야 하는 변수이다. 광고태도가 구매의도에 미치는 영향을 알아보는 연구에서 독립변수인 광고태도가 구매의도에 미치는 영향을 검증하기 위해 설문조사를 통해 분석을 실시했다고 하자. 이때 성별과 나이에 따라 구매의도가 다를 수 있는데, 연구를 진행하는 과정에서 성별과 나이를 고려하지 않고 광고태도가 구매의도에 미치는 영향을 검증한다면 그 결과들을 신뢰할 수 있다고 단정 지을 수 없다. 따라서 독립변수와 종속변수 이외에 외생변수들의 영향력이 나타나지 않게 통제시켜야 한다. 이때 실험설계에서 통제하고자 하는 변수들은 모두 통제변수라고 할 수 있다. 앞서 언급한 외생변수, 매개변수 등이 분석 과정에서 통제된다면 통제변수가 된다.

2 척도

척도(scale)는 관찰 대상의 속성을 수량화하기 위해 구체적인 값을 부여하는 일종의 규칙을 말한다. 한마디로 질적인 기준을 양적인 기준으로 전환시켜주는 도구라고 할 수 있다. 논문에서 가설 검증을 하기 위해서는 척도를 사용하여 변수들의 개념을 측정한 후 수치로 표현해야 한다. 따라서 모두 양적척도라 부르며, 이러한 척도는 크게 범주형 척도와 연속형 척도로 분류한다. 범주형 척도는 명목척도와 순위척도로 다시 구분하며, 연속형 척도의 경우 등간척도와 비율척도로 분류한다.

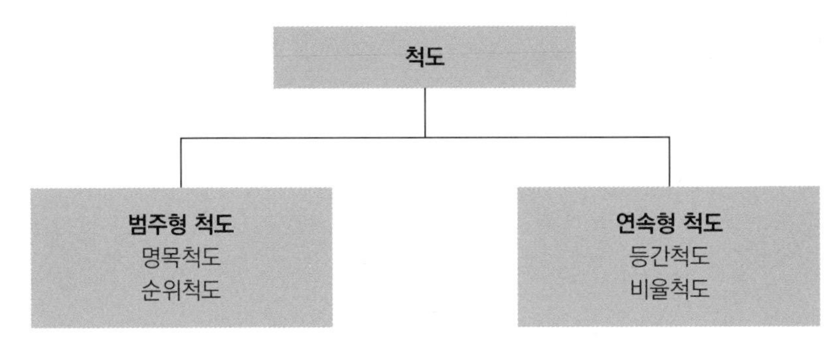

[그림 3-3] 척도의 분류

① 명목척도

명목척도(nominal scale)는 관찰대상을 단순히 범주로 분류하기 위한 목적에서 숫자를 부여하는 척도이다. 즉, 명목척도에서 사용되는 수치들은 단순히 특성을 분류하기 위한 목적으로 사용되며 사칙연산 등 수학적 계산은 할 수 없다. 예를 들어 성별의 경우 남자는 1번, 여자는 2번으로 분류할 수 있는데, 이때 2번이 1번보다 크다고 할 수 없다.

명목척도의 예

1) 귀하의 성별은 무엇입니까?
① 남자 ② 여자

2) 귀하의 나이는 어떻게 됩니까?
① 20-29세 ② 30-39세 ③ 40-49세 ④ 50세 이상

② 순위척도

순위척도(ordinal scale)는 측정대상들 간의 특성을 순서대로 나타내는 것이다. 예를 들어 "선호하는 노트북 브랜드를 순서대로 선택하세요"라고 할 때 해당 척도는 순위척도가 된다. 순위척도에서 수치상의 차이는 절대적인 의미를 갖지 못한다. 예를 들어 선호하는 노트북 브랜드가 1순위 삼성 갤럭시북, 2순위 애플 맥북에어, 3순위 LG 그램이라고 할 때, 1순위와 2순위의 차이보다 1순위와 3순위의 차이가 2배 크다고 할 수 없다.

다음은 순위척도의 예다.

순위척도의 예

1) 다음 중 노트북 브랜드를 보고 선호하는 순서대로 순위를 표시하세요.
( ) 삼성 갤럭시북, ( ) 애플 맥북에어, ( ) LG 그램, ( ) MS 서피스

③ 등간척도

등간척도(interval scale)는 같은 점수의 단위들이 척도상의 모든 위치에서 동일한 값을 갖는 척도를 말한다. 등간척도에서 숫자 간의 차이는 절대적 의미를 갖지만, 절대영점(absolute zero point)을 갖지는 않는다. 예를 들어 온도에서 0도는 영상과 영하를 구분하는 기준이지 온도 자체가 없는 것은 아니다. 또 IQ검사에서 IQ지수가 0이라 해서 지능이 없다는 것을 의미하지는 않는다. 다시 말해, 등간척도의 일정한 차이는 척도상의 똑같은 차이를 의미하며, 등간척도상의 0점은 단지 임의의 한 점일 뿐이다. 명목척도나 순위척도와 달리, 등간척도에서는 일정 수준의 수학적 계산이 가능하다. 그러나 절대영점이 존재하지 않기 때문에 비율 계산은 할 수 없다. 즉, 겨울철 영하 30도가 영하 10도보다 3배 춥다고 할 수 없다.

등간척도에는 평균, 표준편차 등이 있으며 t검정, F검정, 분산분석(ANOVA), 요인분석, 상관관계분석, 회귀분석, 구조방정식 분석 등에 활용할 수 있다.

등간척도의 예

1) 귀하는 방금 경험한 전시에 대해 만족하십니까?
① 전혀 만족하지 못함 ② 만족하지 못함 ③ 보통 ④ 만족 ⑤ 매우 만족

2) 귀하는 방금 본 광고의 제품을 구매할 생각이 있으십니까?
① 전혀 그렇지 않다 ② 그렇지 않다 ③ 보통 ④ 그렇다 ⑤ 매우 그렇다

④ 비율척도

비율척도(ratio scale)는 다른 척도와 달리 절대영점을 포함하며, 가장 상위의 척도이다. 비율척도는 등간척도의 장점을 그대로 포함하면서 절대영점의 기준점이 있어 측정한 값을 상대적으로 비교할 수 있다. 또한 네 가지 척도 중 가장 많은 정보량을 가지고 있으며, 평균, 표준편차, 분산 등에 활용할 수 있다.

비율척도의 예

1) 귀하의 나이는 어떻게 됩니까? (   ) 세
2) 귀사의 1년간 매출액은 어떻게 됩니까? (   ) 원

지금까지 총 4개의 척도에 대해 알아보았다. 연구의 목적, 조사, 설계에 따라 척도는 다르게 사용할 수 있다. 연구를 진행할 때 어떤 척도를 이용할 것인지 판단하는 것은 연구자의 몫이다. 학위논문을 처음 접하는 초보자들의 경우 어떤 척도를 사용할지 판단이 쉽게 서지 않을 수 있다. 이런 분들에게는 명목척도와 등간척도를 이용해 자료를 수집하

고 연구를 진행할 것을 추천한다. 비율척도를 이용하면 명목척도, 순위척도로 변환하여 사용할 수 있고 연속형 척도로도 쓸 수 있다. 그러나 초보자들에게는 단순히 자료를 변환시켜 사용하는 일도 어려울 수 있다. 따라서 명목척도, 등간척도를 꼭 기억하고 이 두 가지 척도를 활용하기 바란다. 논문에서 어떤 식으로 척도를 사용해야 하는지는 뒤에서 자세히 설명하도록 하겠다.

3 척도의 분류와 종류

척도는 단일항목 척도법과 다항목 척도법으로 분류된다. 단일항목 척도법은 말 그대로 단 한 개의 측정항목만 사용하는 척도법을 말한다. 단일항목 척도법의 종류는 항목별 범주척도, 비교척도, 서열척도, Q-분류척도, 고정 총합척도, 이미지 척도 등이 있다. 반면 다항목 척도법의 경우 여러 개의 측정항목을 사용하는 척도법을 말한다.

특정 속성을 측정할 때 하나의 항목만을 사용하면 응답자에게 완벽한 대답을 얻어낼 수 없다. 예를 들어 '맛있다'라는 개념을 측정하는 경우를 들어보자. 응답자별로 '맛있다'라는 기준이 다를 수 있기 때문에 '달콤하다'라는 하나의 항목만 사용하여 '맛있다'를 측정한다면 완벽한 대답이 될 수 없다. '고소하다', '맵다', '달콤하다', '상큼하다' 등 여러 개의 항목을 사용하여 측정해야 더욱더 완벽한 대답을 도출할 수 있다. 따라서 논문을 작성할 때는 단일항목 척도법보다는 다항목 척도법을 사용하는 것이 좋다. 다항목 척도법에는 리커트 척도, 의미차별척도, 스테플 척도 등이 있다. 여기서 꼭 기억해야 할 척도는 리커트 척도와 의미차별척도이다.

① 리커트 척도

1932년 미국의 조직심리학자인 레니스 리커트(Rensis Likert)가 개발한 척도이다. 리커트 척도(Likert scale)는 여러 개의 의견을 응답자들에게 주고 각 항목별로 응답을 점수로 평가하는 것으로, 단순히 '예 또는 아니오'라는 응답 대신 질문에 대한 찬성과 반대의 정도를 측정할 수 있어 매우 실용적이다. 리커트 척도를 활용할 때는 여러 개의 문항을 구성해 측정하고 점수를 합산해 사용한다. 이러한 방법 때문에 '합산평정척도'라고 불리기도 한다. 질문에 따라 응답 항목을 조금씩 변형해 사용하며 5점과 7점을 가장 많이 사용한다(예: 보통이다 또는 모르겠다 등)

리커트 척도의 예

광고태도에 대한 질문입니다. 앞에 제시된 광고를 보고, 귀하의 생각에 맞는 번호 위에 동그라미를 해주세요.

1) 방금 본 광고는 긍정적인 느낌이 든다
① 전혀 동의하지 않음 ② 동의하지 않음 ③ 보통 ④ 동의함 ⑤ 매우 동의함

2) 방금 본 광고는 마음에 든다
① 전혀 동의하지 않음 ② 동의하지 않음 ③ 보통 ④ 동의함 ⑤ 매우 동의함

3) 방금 본 광고는 호감이 간다
① 전혀 동의하지 않음 ② 동의하지 않음 ③ 보통 ④ 동의함 ⑤ 매우 동의함

② 의미차별 척도

1957년 오스구드(Osgood)와 탄넨바움(Tannenbaum)이 개발한 척도이다. 의미차별척도(semantic differential)는 서로 반대되는 형용사적 표현(예: 나쁘다 vs. 좋다)을 양쪽 끝에 배치하여 응답자의 반응을 알아보는 것으로, 리커트 척도와 마찬가지로 각 항목별로 응답을 점수로 평가할 수 있다. 의미차별척도를 사용할 때는 응답자에게 친숙한 표현을 사용해야 하며, 상반되는 형용사적 표현을 왼쪽과 오른쪽에 번갈아 사용하는 것이 좋다. 리커트 척도와 마찬가지로 5점과 7점이 가장 많이 사용된다.

의미차별 척도의 예

광고태도에 대한 질문입니다. 앞에 제시된 광고를 보고, 귀하의 생각에 맞는 번호 위에 동그라미를 해주세요

1) 방금 본 광고는
부정적이다 ①------②------③------④------⑤ 긍정적이다

2) 방금 본 광고는 마음에 든다
마음에 들지 않는다 ①------②------③------④------⑤ 마음에 든다

3) 방금 본 광고는 호감이 간다
호감이 가지 않는다 ①------②------③------④------⑤ 호감이 간다

4장
논문 작성의 진행절차

논문 제목 작성부터 참고문헌 정리까지 각 단계별 과정을 구체적인 예와 함께 살펴본다.

1 제목과 목차

사회과학적인 양적 연구의 경우에 주제의 방향을 잡은 후 방법론에 맞춰 논문 제목(title of thesis)을 구체적으로 작성해야 한다. 이후 이에 맞는 목차(table of contents), 연구모형, 연구문제, 가설, 연구(실험)설계를 세워 논문을 작성해나가야 한다. 제목의 경우 독립변수가 종속변수에 미치는 영향을 기준으로 작성한다. 예를 들어 스토리텔링 광고가 독립변수이고 광고효과가 종속변수라면 '스토리텔링 광고가 광고효과에 미치는 영향'으로 정한다. 조절변수나 매개변수가 있다면 소제목으로 사용하는 것이 좋다. 예를 들어 성별이 조절변수나 매개변수라면 '성별의 조절효과' 또는 '성별의 매개효과'라는 소제목을 붙이면 된다.

제목의 예

스토리텔링 광고가 광고효과에 미치는 영향
- 성별의 조절효과 -

이후 목차를 세우고 하나씩 채워나가는 식으로 논문을 작성한다. 목차의 경우 논문을 작성해나가면서 계속해서 변동사항이 생길 수 있다. 그러나 큰 틀을 먼저 정해놓는다면 안정적으로 논문을 작성할 수 있다는 장점이 있다.

논문 목차는 서론, 이론적 배경(독립변수, 종속변수, 조절변수 또는 매개변수 순서), 연구방법(연구모형, 연구문제 또는 연구가설, 연구설계 또는 실험설계), 분석 결과(통계분석 결과), 결론(이론적·실무적 시사점, 연구의 한계점)으로 나눌 수 있다. 모든 연구의 목차가 동일하지는 않다. 논문을 처음 작성하는 대학원생이라면 지도교수가 지도한 선배들의 논문을 찾아 보고 일차적으로 유사하게 작성한 후 자신의 논문 주제에 타당한지를 비교·검토하면서 최종 목차를 정하는 것도 좋은 방법이다.

논문의 일반적인 목차

제1장 서론
1-1) 연구의 배경 또는 문제제기
1-2) 연구의 목적

제2장 이론적 배경
2-1) 독립변수 **➡ 2-3개 카테고리로 분류하여 작성하는 것이 좋음**
2-1-1) 독립변수의 개념
2-1-2) 독립변수의 중요성
2-1-3) 독립변수의 선행연구 고찰
2-2) 종속변수
2-2-1) 종속변수의 개념
2-2-2) 종속변수의 선행연구 고찰
2-3) 조절변수 또는 매개변수 외 기타변수
2-3-1) 조절변수의 개념
2-3-2) 조절변수의 선행연구 고찰

제3장 연구방법
3-1) 연구모형과 가설
3-2) 변수의 조작적 정의
3-2-1) 연구에 활용한 변수의 측정항목
3-3) 연구설계 또는 실험설계

제4장 분석 결과
4-1) 조사대상자들의 인구통계적 특성
4-2) 척도의 타당성 및 신뢰도 분석
4-3) 가설 검증 결과

제5장 결론 및 논의
5-1) 연구 결과 요약
5-2) 연구의 시사점
5-3) 연구의 한계점 및 향후 연구제언

〈참고문헌〉
〈부록 - 설문지〉
〈ABSTRACT〉

2 서론

논문 주제를 선정했다면 그것에 대한 서론(introduction), 즉 연구배경과 연구목적을 구체적으로 작성해야 한다. 연구배경에서는 '이 주제에 대한 연구를 왜 진행해야 하는지', 또는 '이 주제에 대한 연구가 지금 왜 필요한지' 그 이유를 분명히 제시해야 한다. 예를 들어 '모바일 광고'와 관련한 논문 주제를 선정한 경우를 생각해보자. 주제를 선정할 때 검토한 연구들은 지상파tv, 신문, 라디오, 인터넷 등과 같은 미디어를 활용한 광고 연구들이 대부분이고, 모바일 광고와 관련한 선행연구는 현재 시점에서 매우 부족한 것을 발견하여 이에 대한 주제를 선정하였다고 가정해보자. 그러면 연구배경을 작성할 때는 '모바일 광고와 관련한 연구를 왜 진행해야 하는지', '현재 시점에서 해당 연구가 왜 필요한지'를 명확히 제시해야 한다.

연구배경의 근거와 신뢰성을 확보하기 위해서는 2차 자료를 활용하는 것이 좋다. 2차자료는 기업, 연구기관, 정부기관, 언론 등이 수집하고 발표한 자료를 말한다. 예를 들어, 한국방송광고진흥공사(KOBACO)의 경우 소비자 행태조사 MCR(Media & Consumer Research) 보고서를 매년 발행하고 있다. 이 보고서에는 소비자들의 라이프스타일, 미디어 이용행태와 현황 등 다양한 내용이 담겨 있다. 그러므로 이 보고서를 검토하여 모바일과 관련한 현황을 확인한 후 연구배경에 활용하면 좋은 근거자료가 될 것이다. MCR 보고서를 검토한 결과 2010년을 기준해서 소비자들이 가장 많이 접하는 광고 미디어는 지상파tv(55%), 신문(25%), 인터넷(10%), 잡지(5%), 기타(5%) 순으로 나타났다고 하자. 다음으로 2020년 현재를 기준해서 보고서를 검토한 결과 모바일(60%), 인터넷(14%), 지상파tv(10%), 케이블tv(9%), 신문(6%), 기타(1%) 순으로 나타났다면 소비자들이 가장 많이 접하는 광고 미디어의 환경이 10년 사이에 변화한 것을 확인할 수 있는 것이다.

이러한 2차 자료들의 내용을 바탕으로 다음과 같이 연구배경을 작성해볼 수 있을 것이다.

> "오늘날 광고 산업에서 지상파tv, 신문 등 전통 미디어의 점유율은 하락세를 보이고 있다. 반면 모바일 미디어의 점유율은 대폭 상승하여 2020년 현재 가장 중요한 광고 미디어로 부상하였다. 이에 따라 노출량이 가장 많은 모바일 광고에 대한 더욱 적극적인 연구가 이루어져야 할 것이다. 그러나 해당 분야의 연구들을 살펴보면 과거에 중요시되던 지상파tv, 신문광고 등과 관련한 연구들이 아직까지 대부분이고, 모바일 광고를 중심으로 진행된 연구는 매우 미흡한 수준이다. 따라서 모바일 광고와 관련한 연구가 필요한 상황이다."

이처럼 연구배경에서 통계청, 공공기관, 연구소, 기업보고서, 언론 등에서 발표한 2차 자료를 다양하게 활용한다면 연구의 필요성을 논리적이고 명확하게 제시할 수 있다. 특히 공공기관이나 연구소의 자료들은 대부분 1년에 한 번씩 갱신되기 때문에 과거 자료와 비교해서 살펴보는 것도 좋은 방법이다. 만약 2차 자료를 찾기 어렵다면 논문 주제와 관련된 선행연구들을 연도별로 조사해 부족하거나 미흡한 부분을 정리하고, 새로운 연구의 방향과 배경을 제시하는 것도 좋은 방법이다.

연구배경, 2차 자료 활용의 예

2010년도 초부터 국내 스마트폰 보급과 함께 모바일 광고 산업은 지속적인 성장률을 보이고 있다. 과거 2010년 한국방송광고진흥공사(KOBACO)에서 발간한 소비자 행태조사 MCR(Media & Consumer Research) 보고서에 따르면 이 당시 소비자들이 가장 많이 접하는 광고 미디어는 지상파tv(55%), 신문(25%), 인터넷(10%). 잡지(5%), 기타(5%) 순으로 나타났다. 10년이 지난 이후의 현재 2020년 보고서를 살펴보면 모바일(60%), 인터넷(14%), 지상파tv(10%), 케이블tv(9%), 신문(6%), 기타(1%) 순으로 소비자들이 가장 많이 접하는 미디어 환경이 지상파tv에서 모바일로 변화한 것을 확인할 수 있다. 이처럼 모바일은 현재 없어서는 안 될 중요한 수단이며, 10년만에 광고 산업에서 가장 중요한 미디어로 우뚝 서게 되었다. 그러나 기존의 선행연구들을 검토해보면…….

이런 식으로 문제를 제기한 후에 연구자가 검토한 선행연구들을 제시하면서 미흡하고 부족한 부분들을 추가로 설명하고 연구의 필요성을 언급하면 된다.

연구배경을 작성하였다면 이제 연구목적을 작성해야 한다. 연구목적에는 연구자가 선정한 논문의 주제가 현재 중요한 상황이나 문제에도 불구하고 이와 관련한 선행연구가 이루어지지 않았기 때문에 차별성을 갖는다는 내용이 담겨야 한다. 이때 연구배경, 선행연구 검토 부분에서 앞서 연구가 제대로 이루어지지 않은 부분에 대해 충분히 검토하고 미흡한 점을 비평한 후 본 연구의 차별성을 강조해야 한다. 그런 다음 본 연구가 이론적 분야에서 어떤 부분에 기여도가 있고, 실무적 분야에서 어떤 시사점이 있는지 예상하여 서술해야 한다. 즉 '본 연구가 이론적·실무적으로 어떠한 분야에 기여할 수 있기 때문에 연구 가치가 있다'라는 점을 강조하면서 연구의 방향성을 구체적으로 제시해야 한다.

연구목적의 예

모바일에 대한 소비자들의 이용 점유율은 기존 지상파tv, 신문, 라디오 등의 점유율을 넘어 현재 광고 산업에서 급격한 성장세를 보이며 주목받고 있다. 하지만 모바일 광고와 관련된 연구는 앞서 살펴본 대로 기존 전통 미디어에 비교해서 연구가 미흡한 수준이다. 특히, 소비자들의 심리적 성향과 함께 성별이나 나이와 같이 인구통계학적 특성을 고려하여 광고효과를 파악한 소비자 행동 분야의 연구가 매우 부족한 실정이다. 이러한 상황을 고려해볼 때 모바일 광고와 관련한 소비자 행동에 관한 연구가 더욱더 적극적으로 이루어져야 한다.

본 연구의 목적은 전통미디어 광고와 모바일 광고에 대한 광고효과를 비교·분석함으로써 모바일 광고효과와 관련한 이론을 확장하고 보다 정교화하는 데 있다. 구체적으로는 모바일 광고와 지상파tv, 신문 광고를 비교하고, 성별과 나이별로 소비자들의 인식을 세분화하여 분석함으로써 이에 대한 효과를 검증해보고자 한다. 이러한 결과들은 이론적으로 광고, 소비자행동 분야에 기여할 것이며, 실제로 미디어를 선택하여 광고를 집행하는 실무에도 유용한 시사점을 제공해줄 것이다.

3 이론적 배경

서론을 작성했다면 다음으로 이론적 배경(theoretical background)을 작성해야 한다. 이론적 배경은 논문 주제와 관련한 문헌들을 검토한 후 정리하고 분석해 작성한다. 기존에 진행된 선행연구들을 다양하게 살펴보는 작업은 논문 작성에서 매우 중요한 부분으로 이를 '문헌고찰'이라고 한다.

이론적 배경을 작성하는 목적은 크게 두 가지다. 첫째, 논문 주제에 대한 다양한 이론들을 정리하고 분석하는 과정에서 해당 이론을 충분히 습득하기 위해서다. 둘째, 가설을 세우기 위한 이론적 근거를 발견하고, 이를 검증하기 위한 연구방법을 습득하기 위해서다. 즉, 이론적 배경은 연구자가 정한 주제와 관련한 이론들을 심도 있게 습득해나가는 과정이라고 할 수 있다.

논문은 문헌고찰을 통해 해당 분야의 지식이나 이론체계를 정립하고, 다양한 근거들을 바탕으로 한 단계씩 발전해나가는 학문이다. 그렇기 때문에 모든 논문은 기존에 정립되어 있는 이론에서 시작하여 이를 근거로 분석을 진행한 후, 연구방법에 맞춰 이론을 확장해나가야 한다. 이를 위해 연구자는 자신이 선정한 논문 주제에 대해 과거부터 현재까지 진행된 다양한 연구들의 개념, 사례, 결과, 방법론, 기여도, 시사점 등을 필수적으로 습득해야 한다.

예를 들어보자. '광고소구 유형이 광고효과에 미치는 영향'이라는 선행연구가 있다. 광고소구 유형은 이성적 소구와 감성적 소구로 나뉘는데, 선행연구에서는 이성적 소구 광고가 감성적 소구 광고보다 광고효과가 높게 나타났다. 한편, 성별과 관련한 심리학 분야의 연구에서는 남자는 이성적인 사고방식을 가지고, 여성은 감성적인 사고방식을 가진다는 다수의 연구 결과를 발견했다. 따라서 이러한 선행연구들을 심층적으로 고찰해본 후 '성별'을 기존의 광고 연구에 투입하여 '광고소구 유형과 성별이 광고효과에 미치는 영향'이라는 새로운 주제를 선정하고 연구를 진행하였다. 그 결과 새롭게 진행한 연구에서는 기존의 선행연구 결과와 달리, 이성적 소구 광고가 항상 광고효과가 높은 것으로 나타나지 않았다. 남자의 경우에는 이성적 소구 광고가 효과적으로 나타났지만, 여자에게는 감성적 소구 광고가 효과적이었다.

이 예에서는 선행연구를 바탕으로 성별이라는 변수를 새롭게 투입하여 기존의 이론을 확장하였다. 아무런 근거 없이 성별에 따른 광고효과 연구를 진행한 것이 아니라, 기존 선행연구의 결과를 바탕으로 성별이라는 변수를 투입하여 연구를 세분화하고 확장하였다. 이렇듯 연구를 하나씩 확장해나가기 위해서는 기존의 연구들과 새롭게 제시한 연구들을 모두 검토해보고, 각 이론의 개념, 중요성, 사례, 연구 결과, 가설방향 등을 파악하는 문헌고찰을 통해 해당 이론을 모두 습득해야 한다. 이것이 바로 이론적 배경을 작성하는 이유이다.

4 연구모형

논문의 제목을 작성하고 목차까지 완료했다면 다음으로 연구모형을 작성하고 연구문제 또는 연구가설을 세워야 한다. 연구모형은 특정 주제에 관해 이론적으로 변수화한 개념들을 구조적으로 시각화한 것이다. 즉, 변수들 간의 인과관계를 한눈에 파악할 수 있게 작성한 이미지를 말한다.

연구모형에서 독립변수가 종속변수에 미치는 영향은 필수조건이며, 여기에 조절변수와 매개변수를 포함해 시각화할 수 있다. 일반적으로 많이 사용되는 연구모형으로는 앞서 변수의 개념에서 살펴본 조절변수와 매개변수가 투입된 조절효과 모형, 매개효과 모형이 있다. 논문을 처음 작성해보는 초보자라면 조절효과 모형을 추천한다. 조절효과 모형의 설계와 가설 설정 등 자세한 내용은 뒤에서 다룬다.

5 연구문제와 가설

(1) 연구문제

연구문제(research questions)는 연구자가 연구의 목적과 동기를 구체화시킨 것으로, 관찰하고자 하는 대상을 밝히고 제시한 의문을 해결할 수 있도록 작성해야 한다. 논문은 곧 연구문제에 대한 답을 얻는 과정이라고 할 수 있다. 따라서 연구자는 자신의 논문에서 구체적인 연구문제를 제시하고 그에 대한 해답과 결론을 제시해야 한다. 연구문제는 의문문 형식으로 작성하며, 연구하고자 하는 두 가지 이상의 변수들 사이를 명시해야 한다.

예를 들어 '스토리텔링 광고가 광고효과에 미치는 영향'이라는 차이를 비교하는 논문이 있다고 가정해보자. 여기서 스토리텔링 광고, 기업창업 스토리텔링, 소비자경험 스토리텔링이 독립변수이고, 광고효과(광고태도, 구매의도)가 종속변수라면 '스토리텔링 광고유형은 광고효과에 차이가 있을 것인가?'라는 연구문제를 제시할 수 있다. 또는 종속변수를 세분화하여 '스토리텔링 광고유형은 광고태도에 차이가 있을 것인가?', '스토리텔링 광고유형은 구매의도에 차이가 있을 것인가?'라는 2개의 연구문제를 제시할 수 있다.

또 다른 예로 차이를 비교하는 연구가 아니라 '소비자 만족도가 구매의도에 미치는 영향'이라는 주제의 인과관계를 검증하는 논문이 있다고 가정해보자. 소비자 만족도가 독립변수이며, 구매의도가 종속변수라면 '소비자 만족도는 구매의도에 영향을 미칠 것인가?'라는 연구문제를 제시할 수 있다.

(2) 가설

연구문제를 설정한 다음에는 그에 대한 가설(hypotheses)을 세분화해 설정해야 한다. 가설은 2개 이상의 변수들 간의 관계를 검증하기 전에 문장으로 예측한 표현을 말하며, 연구의 방향을 제시해준다는 면에서 연구문제와 같은 의미를 지닌다. 가설 검증은 연구문제에서 제시한 의문에 대한 진위를 검증방법에 따라 밝히고 해답을 추구하는 과정이다.

가설은 연구문제와 다르게 의문문 형태가 아니라 구체적인 내용을 예상할 수 있도록 서술해야 한다. 가설에는 대립가설(또는 연구가설, research hypotheses)과 귀무가설(또는 영가설, null hypotheses)이 있다. 귀무가설은 가설이 기각될 것을 예상하고 세우는 가설이고, 대립가설은 귀무가설이 기각될 때 받아들여지는 것으로 가설이 지지되거나 채택될 것을 예상하고 세우는 가설을 말한다. 여기서 또 방향적 가설과 비방향적 가설로 세분화된다. 방향적 가설은 예상되는 분석 결과를 구체적으로 제시하는 형태의 가설이며, 비방향적 가설은 분석 결과가 구체적으로 제시되지 않은 형태의 가설이다.

예를 들어 위에서 언급한 '스토리텔링 광고유형은 광고효과에 차이가 있을 것인가?'라는 연구문제가 있다고 가정해보자. 여기서 방향적 연구가설을 세운다면 '기업창업 스토리텔링 광고는 소비자경험 스토리텔링 광고보다 광고효과가 높게 나타날 것이다'라고 작성할 수 있다. 반대로 방향이 없는 비방향적 연구가설을 세운다면 '스토리텔링 광고유형은 광고효과에 차이가 있을 것이다'와 같이 제시할 수 있다.

가설을 세울 때 중요한 점은 연구문제와 달리 선행연구나 문헌을 바탕으로 가설이 도출되기 위한 이론적 근거를 충분히 제시해주어야 한다는 것이다. 이에 논문을 처음 작성해보는 대학원생이라면 선행연구와

문헌을 충분히 검토한 후, 분석 결과를 예상하여 제시할 수 있는 방향적 가설(대립가설)을 세워 사용하는 것이 가장 바람직한 방법이다.

참고로, 논문들 중에는 연구문제 또는 연구가설만 담긴 것이 있다. 또 학자들 중에는 연구가설이 있으면 연구문제는 필요 없다고 주장하는 사람들도 있다. 이들은 연구문제는 사전 연구가 충분치 않아 탐색적(exploratory)인 연구에 적합하며, 기존의 선행연구들을 바탕으로 연구가설을 예상할 수 있다면 예상한 가설이 맞는지를 확정적(confirmatory)으로 확인할 때 연구가설을 활용해야 한다고 주장한다. 그런데 이러한 경우에 논문을 처음 접해보는 대학원생들은 혼란스러울 수 있다. 무엇이 딱 맞는 것이라고 단정 지어 말할 수는 없다. 이럴 때는 지도교수가 작성한 논문이나 지도한 선배들의 논문을 찾아보고 거기에 맞춰 작성하는 것을 추천한다.

연구문제와 연구가설의 사례

- **연구문제**: 스토리텔링 광고유형은 광고효과에 차이가 있을 것인가?
- **방향적 가설**: 기업창업 스토리텔링 광고는 소비자경험 스토리텔링 광고보다 광고효과가 높게 나타날 것이다.
- **비방향적 가설**: 스토리텔링 광고유형은 광고효과에 차이가 있을 것이다.

- **연구문제**: 광고태도는 구매의도에 영향을 미칠 것인가?
- **방향적 가설**: 광고태도는 구매의도에 정(+)[또는 부(-)]의 영향을 미칠 것이다.
- **비방향적 가설**: 광고태도는 구매의도에 유의한 영향을 미칠 것이다.

6 조작적 정의

조작적 정의(operational definition)는 양적 연구 방법에서 변수에 대해 정의를 내리고 측정할 수 있도록 조작한 것을 말한다. 즉, 연구목적에 맞게 변수를 정의한 후 이를 측정하여 수치화할 수 있는 방법을 구체적으로 제시한 것이다. 다음은 조작적 정의의 예다.

> "겨울철 방의 온도는 눈으로 볼 수 없다. 그러나 온도조절기의 수치를 보면 현재 온도를 알 수 있다. 방의 온도는 온도조절기에 있는 온도이다."

또 다른 예로, 논문에서 '광고태도'라는 변수에 대해 정의를 내리고 '방금 본 광고는 마음에 든다', '방금 본 광고는 긍정적인 느낌이 든다', '방금 본 광고는 좋다'라는 항목들을 5점 척도로 측정하여 평균을 수치화한 후 광고태도로 사용한다면 이것이 곧 조작적 정의가 된다.

조작적 정의를 작성할 때 중요한 점은 척도를 개발하는 연구가 아닌 이상 연구자가 임의대로 조작적 정의에 대한 측정항목을 작성해 사용하면 안 된다는 것이다. 측정항목을 개발하는 척도개발연구는 방법론이 다르므로 실증연구를 진행하는 경우 꼭 선행연구에서 검증된 항목들로 구성해야 한다. 선행연구가 학위논문이라면 뒷부분 부록 부분에 첨부한 설문지를 보고 측정항목들을 쉽게 확인할 수 있다. 학술논문이라면 조작적 정의나 측정항목 카테고리 부분을 보고 항목들을 확인할 수 있다.

광고태도와 구매의도의 조작적 정의 예

'광고태도는 광고 노출 상황에서 소비자들이 광고 자극에 대하여 호의적 또는 비호의적으로 반응하는 성향'이라고 정의할 수 있다. 본 연구에서는 홍길동(2020)이 연구에 사용한 세 가지 항목을 활용하였다. 모든 측정항목은 리커트(Likert) 5점 척도로 '1점 전혀 동의하지 않는다', '5점 매우 동의한다'로 구성하였다.

- 방금 본 광고는 마음에 든다.
- 방금 본 광고는 긍정적인 느낌이 든다.
- 방금 본 광고는 좋다.

'구매의도는 소비자가 기업의 제품이나 서비스에 대하여 미리 기대하거나 계획한 미래 지향적인 행동'이라고 정의할 수 있다. 본 연구에서는 홍길동(2020)이 연구에 사용한 세 가지 항목을 활용하였다. 모든 측정항목은 리커트(Likert) 5점 척도로 '1점 전혀 동의하지 않는다', '5점 매우 동의한다'로 구성하였다.

- 방금 본 광고의 제품을 살 것 같다.
- 방금 본 광고의 제품을 살 가능성이 있다.
- 방금 본 광고의 제품을 확실히 살 것 같다.

7 표본추출

전 국민을 대상으로 하는 선거조사나 인구센서스(census)가 아닌 이상 연구자가 논문에서 조사하고자 하는 대상을 바탕으로 전수조사(complete enumeration)를 실시하기는 현실적으로 불가능하다. 따라서 논문을 작성할 때 조사 대상의 일부를 표본으로 추출하는 표본조사(sample survey)를 실시하게 된다.

표본(sample)은 연구자가 알고자 하는 어떤 대상의 전체에서 일부분을 선택한 것이며, 전체 대상에서 표본을 선택하는 과정을 표집(sampling)이라고 한다. 즉 표본은 모집단(population)을 대표하는 집단으로서 조사에 실제 참여하는 집단을 말하고, 모집단은 연구자가 연구 목적을 달성하기 위해 세운 전체 대상을 말한다. 예를 들어, 서울시에 있는 4학년 대학생들을 대상으로 취업과 관련한 인식을 파악하기 위해 1000명의 대학생을 뽑아 조사를 진행한다고 가정해보자. 이때 모집단은 서울시에 있는 대학교에 재학 중인 4학년 학생들이 되고, 표본은 1000명의 대학생이 된다.

연구자는 본인이 선택한 표본에 담긴 대상들을 통해 전체 모집단에 대한 일부분의 특성을 파악함으로써 전체 특성을 추정할 수 있다는 가정하에 표본추출(sampling)을 실시한다. 표본추출은 크게 확률 표본추출법(probability sampling)과 비확률 표본추출법(nonprobability sampling)으로 분류한다.

- **확률 표본추출법**: 모집단 구성원 중 표본추출 단위(sampling unit)가 표본으로 추출될 확률이 이미 정해져 있고, 이에 대한 리스트나 조사 프레임을 이용하여 동일한 확률로 표본을 추출하는 방법을 말한다. 확률 표본추출법에는 단순무작위 표본추출법, 체계적 표본추출법, 층화 표본추출법, 군집 표본추출법이 있다.
- **비확률 표본추출법**: 표본으로 추출될 확률이 정해져 있지 않고, 조사를 실시하는 연구자의 판단과 사전지식 등에 따라 표본을 추출하는 방법을 말한다. 비확률 표본추출법에는 편의 표본추출법, 판단 표본추출법, 할당 표본추출법, 눈덩이 표본추출법이 있다.

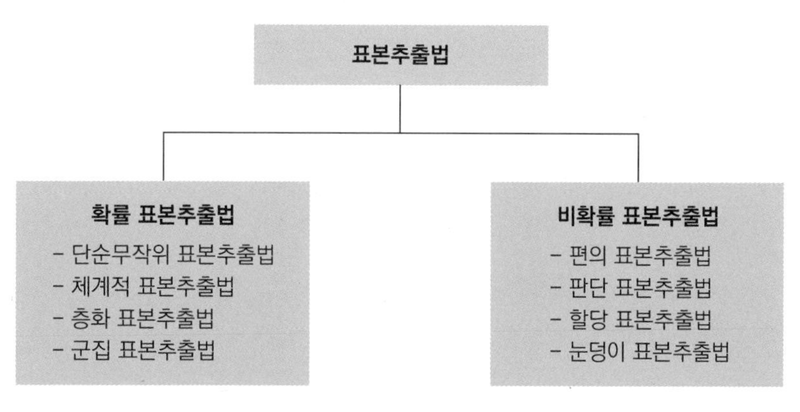

[그림 4-1] 표본추출법 분류

'확률 표본추출법'은 모집단의 속성을 대표하는 우수한 표본을 추출할 수 있는 가능성이 크다는 장점이 있다. 그러나 시간과 비용이 많이 들어간다는 단점도 있다. 이에 반해 '비확률 표본추출법'은 시간과 비용이 적게 들고 조사를 실시하기가 쉽다는 장점이 있다. 그러나 연구자와 조사에 응답하는 피험자의 주관적 판단이 들어갈 수 있어 객관성을 확보하기 어렵고, 모집단의 속성을 대표할 수 있는 표본을 추출하기가 어렵다는 단점이 있다. 예를 들어, 삼성전자가 최근 5년 동안 노트북을 구매한 고객들을 대상으로 조사를 실시하는 경우를 가정해보자. 이때 연도별 또는 제품시리즈별 구매리스트를 바탕으로 성별, 연령, 거주지와 같은 인구통계 특성을 중심으로 표본을 추출하는 경우(확률 표본추출법)가 이러한 요소를 고려하지 않고 조사담당자의 임의적 판단을 통해 표본을 추출하고 조사를 실시하는 경우(비확률 표본추출법)보다 표본의 대표성이 높다고 할 수 있다.

그런데 만약 연구의 목적이 '모집단 추론'이 아니라 '과정 추론'이라면, 또 표본추출 리스트나 프레임을 구할 수 없고 시간과 금전적인 여유가 넉넉하지 않다면, 비확률 표본 추출법을 사용하여 논문을 작성하면 된다. 실제로 대부분의 학위논문과 학술논문들은 비확률 표본추출법을 사용하고 있다. 대표적인 비확률 표본추출법에는 다음 네 가지가 있다.

① 편의 표본추출법

편의 표본추출법(convenience sampling)은 연구자가 임의로 표본을 선정하는 방법이다. 표본의 크기도 연구자가 임의로 정할 수 있고 아무에게나 쉽게 조사를 실시할 수 있다. 또한 시간과 비용에 대한 부담이 적다는 장점이 있다. 그러나 모집단의 대표성이 낮다는 단점이 있다.

② 판단 표본추출법

판단 표본추출법(judgement sampling)은 연구자의 주관적 판단에 따라 연구목적에 적합한 표본을 선정하는 방법이다. 의료와 관련된 연구라면 의사 또는 간호사를 대상으로 조사를 실시하고, 취업과 관련한 연구라면 대학생들을 대상으로 조사를 실시할 수 있다. 이처럼 해당 연구 분야의 전문가들로 표본을 선정한다면, 판단 표본추출법은 매우 유용한 정보를 제공할 수 있다는 장점을 가진다. 그러나 편의 표본추출법과 마찬가지로 모집단의 대표성이 낮다는 단점이 있다.

③ 할당 표본추출법

할당 표본추출법(quota sampling)은 성별, 연령, 소득과 같은 인구통계특성을 바탕으로 모집단의 특성을 대표할 수 있는 일정수의 범주를 정해 각 범주의 비율에 맞춰 표본수를 추출하는 방법이다. 이 방법은 모집단의 특성이 한쪽으로 치우치지 않고 적절하게 반영될 수 있다는 장점을 지닌다. 그러나 표본의 수를 정할 때 연구자의 편견이 작용할 수 있고, 모집단의 인구통계특성에 대한 사전지식이 없다면 표본추출이 불가하다는 단점이 있다.

④ 눈덩이 표본추출법

눈덩이 표본추출법(snowball sampling)은 연구자가 임의로 표본을 선정하여 조사를 실시한 후, 조사에 참여한 응답자들에게 다른 대상자를 추천받아 표본을 선정하는 방법이다. 처음 조사를 시작할 때 연구자가 임의로 표본을 선정하기 때문에 판단 표본추출법의 일부분이라고 할 수 있다. 눈덩이 표본추출법은 조사 대상자들에게 접근하기 어려울 때 사용할 수 있다. 예를 들어, 음주나 흡연을 하는 중고등학생을 대상으로 조사를 실시할 경우 직접 조사를 진행하기가 어려울 수 있다. 이때 조사에 참여한 학생들에게 함께 음주 또는 흡연을 하는 학생들을 추천받아 조사를 진행할 수 있다. 이 방법은 알고 있는 사람들을 대상으로 조사하기 때문에 비용과 시간을 절약할 수 있다는 장점이 있다. 그러나 조사에 참여한 응답자가 주관적인 판단으로 다른 응답자를 추천하기 때문에 편견이 작용할 수 있고, 다른 비확률 표본추출법과 같이 모집단의 대표성이 낮다는 단점이 있다.

논문을 작성할 때 어떤 표본추출법을 사용할 것인지는 매우 중요하다. 확률 표본추출법을 사용하면 좋겠지만, 표본에 대한 사전지식이 필요하고 시간과 비용이 많이 들기 때문에 실제로 확률 표본추출법을 사용하기란 쉽지 않다. 대부분의 연구자들은 지인, 친구, 회사 동료, 가족, 선후배 등을 대상으로 직접 조사를 실시한다. 따라서 논문을 처음 작성해보는 초보 대학원생이라면, 표본에 대한 사전지식이 필요 없고 성별이나 연령 등 인구통계특성을 고려하지 않아도 되는 비확률 표본추출법 중 '편의 표본추출법'을 활용해 논문을 작성할 것을 추천한다. 편의 표본추출법을 통해 표본을 추출할 때 표본의 크기는 연구자가 직접 판단하여 결정하면 된다. 표본의 크기는 클수록 좋은데, 평균적으로 200-300명 정도가 적당하다고 볼 수 있다.

8 연구설계

연구설계(research design)는 연구자가 정한 주제에 대해 어떤 방법들을 활용하여 연구를 진행할 것인가를 사전에 미리 결정해놓는 것을 말한다. 연구설계에는 연구문제 또는 가설을 검증하기 위해 자료의 수집부터 통계분석까지 연구자가 진행해야 할 모든 사항이 포함되어 있어야 한다. 즉, 연구목적을 달성하기 위해 진행할 구체적인 방법들이 상세히 담겨 있어야 한다. 전반적으로 사회과학 연구에서는 연구설계 부분에 실험설계, 표본추출방법, 통계분석방법, 조작점검 등을 작성한다.

특히 연구설계는 복잡한 인과관계를 논리적으로 밝힐 수 있는 연구방법인 실험연구(experimental study)에서 중요하다. 실험연구는 실험실에서 연구가 이루어지는 것이라고 가정하고 상황을 엄격하게 통제한 후 독립변수를 조작(manipulation)하여 이에 대한 효과를 측정하고 분석하는 방법이다. 독립변수를 조작하고 집단을 통제한다는 것이 다른 연구방법들과의 가장 큰 차별점이다. 이러한 실험연구를 진행하기 위해서는 실험설계(experimental design)가 필요한데, 실험설계는 실험을 통해 독립변수와 종속변수 간의 관계를 관찰하기 위해 구조를 짜는 것을 말한다.

실험설계는 단일집단 사전-사후설계(one-group pretest-posttest design), 통제집단 사전-사후설계(control group pretest-posttest design), 단일사례연구(one-shot case study), 솔로몬의 4집단 설계(Solomon four-group design), 요인설계(factorial design) 등으로 구분할 수 있다. 사전-사후설계는 일반적으로 교육학 분야에서 많이 활용되며, 요인설

계는 심리학, 광고학, 디자인, 마케팅, 언론학, 신문방송학, 커뮤니케이션학 등의 분야에서 많이 활용된다. 이러한 설계방법 중 한 가지를 선택하여 실험연구를 진행해야 하는데, 본서에서는 여러 전공 분야에서 활용 가능한 '요인설계' 방법을 추천한다.

요인설계는 2개 이상의 독립변수가 종속변수에 미치는 영향을 연구할 때 모든 처치들의 효과를 한 번에 측정할 수 있는 설계 방법이다. 이 방법을 사용하면 독립변수가 종속변수에 미치는 각각의 요인의 개별적인 영향뿐만 아니라 상호작용에 대한 효과도 검증할 수 있다. 즉, 한 번의 실험으로 여러 개의 독립변수의 주효과를 분석할 수 있고 상호작용효과도 분석할 수 있다. 여기서 가장 중요한 목적은 상호작용효과를 검증하는 것이다. 일반적으로 2개의 독립변수가 조작되는 2×2 이원적 요인설계(two-factor-design)가 논문에서 상호작용효과를 검증할 때 가장 많이 활용된다. 2×2 요인설계의 경우 2개의 독립변수가 각각 두 수준을 가지게 되고, 이는 총 4개의 수준을 갖는 설계가 된다.

한편 이러한 요인설계를 통해 실험연구를 진행할 때는 처치조건에 따라 피험자를 동일하게 할 것인지, 아니면 상이하게 할 것인지 집단을 설계한 후 연구를 진행해야 한다. 설계 방법의 경우 집단 간 설계(between-groups design), 집단 내 설계(within-group design), 혼합 설계(mixed design) 총 세 가지로 분류할 수 있다.

'집단 간 설계'는 실험에서 처치조건에 따라 상이한 피험자 집단을 사용하는 방법으로 피험자 설계라고도 한다. 2개 이상의 독립변수 중 하나의 독립변수에만 피험자가 처치되는 방법이다. 예를 들어 삼성과 LG의 브랜드 선호도를 100명을 대상으로 조사하여 비교할 때, 50명에게는 삼성에 관한 브랜드 선호도만을 파악하고 나머지 50명에게는 LG

에 관한 브랜드 선호도만을 파악한 후, 집단 간 평균 차이를 계산하여 독립변수의 효과를 추정하는 방식이다. 이 방식은 분석이 쉽고 통계적 가정이 엄격하지 않다는 장점이 있다. 그러나 피험자 수가 많이 필요하다는 단점이 있다.

'집단 내 설계'는 실험에서 처지조건에 따라 동일한 피험자 집단을 사용하는 설계이며, 반복측정 설계(repeated measures design)라고도 한다. 2개 이상의 독립변수 중 모든 독립변수에 피험자가 처치되는 방법이다. 삼성과 LG의 브랜드 선호도를 100명을 대상으로 비교할 때, 100명 모두에게 두 브랜드에 대한 선호도를 각각 파악하여 평균 차이를 계산하고 독립변수의 효과를 추정하는 방식이다. 이 방식은 적은 피험자 수를 가지고 실험을 진행할 수 있다는 장점이 있다. 그러나 엄격한 통계적 가정을 충족시켜야 하며 처치조건에 따라 상호작용의 문제가 생길 수 있다는 단점이 있다.

집단 내 설계를 진행할 때 순서효과(order effect)를 꼭 고려해야 한다. 순서효과는 동일한 피험자에게 2개 이상의 실험처치를 진행할 때, 실험처치의 노출 순서가 종속변수의 변화에 영향을 미치는 현상을 말한다. 이는 실험처치 순서를 달리하여 통제할 수 있다. 예컨대 100명 중 50명에게 삼성을 먼저 보여주고 브랜드 선호도를 조사한 후, 다음으로 LG를 보여준 후 브랜드 선호도를 조사한다. 그런 다음 나머지 50명에게는 LG를 먼저 보여주고 브랜드 선호도를 조사하고, 이후 삼성을 보여준 후 브랜드 선호도를 조사한다. 이렇게 실험처치 순서를 동등하게 분배함으로써 순서효과를 통제할 수 있다.

마지막으로 '혼합 설계'는 집단 간 설계와 집단 내 설계, 두 가지 방법을 모두 포함하는 설계를 말한다.

이처럼 실험연구를 통해 논문을 작성할 때 적용할 수 있는 다양한 설계방법들이 존재한다. 이 중 한 가지 방법을 선택하여 연구를 진행해야 하는데, 논문을 처음 접해보는 초보 대학원생에게는 '2×2 이원적 요인설계'를 통한 실험연구로 논문을 작성할 것을 추천한다. 아울러 분석이 쉽고 통계적 가정이 엄격하지 않은 '집단 간 설계'를 사용할 것을 추천한다. 이에 대한 구체적인 적용 방법과 통계분석 방법은 뒤에서 자세히 다루겠다.

9 2×2 요인설계

2×2 요인설계를 통해 논문을 작성하기 위해서는 먼저 2개의 독립변수가 각각 두 수준을 가지고 총 4개의 수준을 갖는 설계가 되어야 한다. 예를 들어 '제품유형과 성별이 구매의도에 미치는 영향'이라는 논문 주제가 있다면, 제품유형과 성별이 2개의 독립변수가 된다. 여기서 제품유형은 실용적 제품과 쾌락적 제품으로 나누고 성별은 남자와 여자로 나눈다면, 2개의 독립변수가 각각 두 수준을 가지고 총 4개의 수준을 갖는 2(제품유형: 실용적 제품 vs. 쾌락적 제품)×2(성별: 남자 vs. 여자) 설계가 된다. 이때 2개의 독립변수는 명목척도로 구성해야 하며, 종속변수는 등간척도(연속형 척도)로 구성해야 한다.

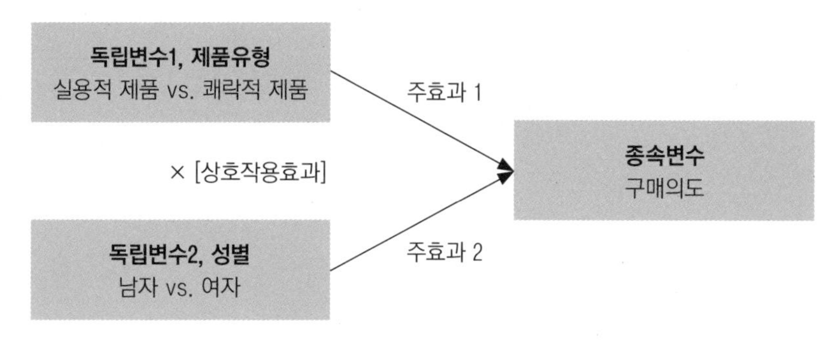

[그림 4-2] 2×2 요인설계 예

2×2 요인설계는 주효과를 검증할 수 있고 상호작용효과를 검증할 수 있는데, 이 설계의 가장 큰 목적은 '상호작용효과(interaction effect)'를 검증하는 데 있다. 상호작용효과는 2개 이상의 독립변수를 조합하여 이들 간의 효과를 검증하는 것을 말한다. 2개의 독립변수를 결합했기 때문에 '결합효과'라고도 불린다.

예를 들어, 제품유형에 따른 구매의도의 차이와 성별에 따른 구매의도의 차이를 각각 따로 비교했다면 이것은 주효과가 된다. 만약 제품유형과 성별을 결합하여 상호작용항(제품유형×성별)으로 분석을 실시했을 때, 남자는 실용적 제품에 대한 구매의도가 높고 여자는 쾌락적 제품에 대한 구매의도가 높아 서로 상반된 결과가 도출된다면 이것은 상호작용효과가 된다. 즉, 제품유형은 성별에 따라 구매의도에 영향을 미치게 되는 것이다. 만약 성별에 상관없이 남자와 여자 모두 실용적 제품이나 쾌락적 제품에 대해 한쪽 방향으로 구매의도가 높게 나타난다면 이것은 상호작용효과가 없다고 할 수 있다.

2×2 요인설계의 논문에서 연구모형은 조절변수가 투입된 모형으로 표현된다. 조절효과를 검증할 때 독립변수와 조절변수의 상호작용항을

만들어 분석을 실시하는데, 2×2 요인설계도 상호작용항으로 분석을 실시하기 때문에 독립변수와 조절변수의 개념으로 볼 수 있으며 '조절효과가 있다'라고 표현할 수도 있다. 따라서 성별의 경우 조절변수의 개념으로도 볼 수 있다.

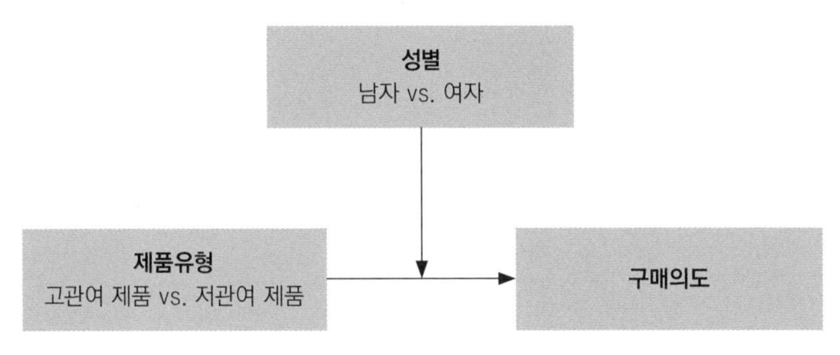

[그림 4-3] 2×2 요인설계 연구모형

연구문제와 가설에는 주효과에 대한 내용과 상호작용효과(조절효과)에 대한 내용을 작성해야 한다. 가설은 대립가설을 통해 방향적 가설로 작성하는 것이 좋다. 또한 앞에서도 강조했듯이, 꼭 선행연구들을 검토하여 이론적 근거를 제시한 후 가설을 도출해야 한다. 위의 모형에 대한 연구문제와 가설을 도출해보면 다음과 같다.

광고태도와 구매의도의 연구문제와 가설 예

- 방향적 가설
  - 연구문제 1: 제품유형은 구매의도에 차이가 있을 것인가?
  - 가설 1: 실용적 제품은 쾌락적 제품보다 구매의도가 높게 나타날 것이다.
  - 연구문제 2: 제품유형은 성별에 따라 구매의도에 차이가 있을 것인가?
  - 가설 2: 남자는 쾌락적 제품보다 실용적 제품에 대한 구매의도가 높게 나타날 것이다.
  - 가설 3: 여자는 실용적 제품보다 쾌락적 제품에 대한 구매의도가 높게 나타날 것이다.

- 비방향적 가설
  - 연구문제 1: 제품유형은 구매의도에 차이가 있을 것인가?
  - 가설 1: 제품유형은 구매의도에 차이가 있을 것이다.
  - 연구문제 2: 제품유형은 성별에 따라 구매의도에 차이가 있을 것인가?
  - 가설 2: 제품유형은 성별에 따라 구매의도에 차이가 있을 것이다. 또는 제품유형이 구매의도에 영향을 미치는 데 있어 성별은 조절될 것이다.

실제로 학위논문과 학술논문에서 2×2 요인설계로 작성한 논문을 흔히 볼 수 있고, SCI·KCI급 논문에서도 2×2 요인설계로 진행된 논문을 쉽게 찾아볼 수 있다. 그만큼 2×2 요인설계는 논문에서 자주 사용되는 방법이며, 여러 전공 분야에서 활용도가 높다.

2×2 요인설계를 논문의 구조 또는 틀이라고 생각하라. 이러한 구조에 맞춰 주제를 선정하고 실험을 진행하여 의미 있는 결론을 도출한다면 문제없이 학위논문이나 학술논문을 작성할 수 있을 것이다. 특히 2×2 설계의 장점은 통계분석 과정이 어렵지 않고, 모 아니면 도와 같이 결과가 명확하게 나타나기 때문에 결론 부분에서 이론적 기여도와

실무적 시사점을 작성하기가 매우 편리하다는 것이다.

따라서 처음 논문을 접해보는 대학원생 중 논문 작성을 위한 연구방법론의 이해가 부족하고, 어떤 실험설계 방법을 결정해야 할지 혼란스럽다면 고민하지 말고 필자가 이 책에서 강조하고 있는 2×2 요인설계를 통해 실험연구를 진행할 것을 추천한다. 다음 페이지는 실제 2×2 요인설계로 진행된 학술논문들을 정리해놓은 것이다. 필자가 대학원 수업시간에 대학원생들에게 가장 먼저 읽어보라고 추천해주는 논문들이다. 이 논문들 중에는 상호작용효과만 검증한 것도 있고, 추가로 매개효과까지 검증한 것도 있다. 위에서 언급하지 않은 매개효과가 있어 조금 혼란스러울 수 있으나 기본적으로 2×2 설계를 근간으로 하고 있다. 따라서 연구설계와 상호작용효과(조절효과)까지만 읽어보고 이해하면 된다. 직접 찾아서 읽어본다면 2×2 요인설계에 대해 보다 쉽게 이해할 수 있을 것이다.

2×2 요인설계를 이해하기 위한 선행연구

1. 한국브랜드디자인학회, 브랜드디자인연구: **〈프랜차이즈 브랜드 스토리텔링과 감각 추구성향이 브랜드 이미지에 미치는 영향에 관한 연구〉**

➡ **설계내용:** 2(브랜드 소구유형: 스토리텔링 vs. 속성기능)×2(감각추구성향: 저감각 vs. 고감각) 집단 간 설계

2. 한국브랜드디자인학회, 브랜드디자인연구: **〈장애인을 활용한 기업의 사회적 책임(CSR) 활동이 소비자 인식에 미치는 영향〉**

➡ **설계내용:** 2(CSR 활동: 임직원 자원봉사 vs. 장애인 의무고용)×2(소비자 유형: 장애인 vs. 일반인) 집단 내 설계

3. 한국브랜드디자인학회, 브랜드디자인연구: **〈온라인 배너 광고의 희소성 메시지와 원시안이 소비자 태도에 미치는 영향〉**

➡ **설계내용:** 2(시간압박: 유 vs. 무)×2(원시안 수준: 낮음 vs. 높음) 집단 간 설계

4. 한국브랜드디자인학회, 브랜드디자인연구: **〈판매수량제한 광고가 구매의도에 영향을 미치는 데 있어 자기 통제력의 조절역할〉**

➡ **설계내용:** 2(판매수량제한: 있음 vs. 없음)×2(자기통제력: 낮음 vs. 높음) 집단 간 설계

5. 한국상품문화디자인학회, 상품문화디자인연구: **〈개표방송 정보 디자인이 수용자 태도, 정치참여의도에 영향을 미치는 데 있어 정치 효능감의 조절효과와 메커니즘에 관한 연구〉**

➡ **설계내용:** 2(개표방송 정보디자인: 영화·드라마 패러디형 vs. 인물수치형)×2(정치효능감: 낮음 vs. 높음) 집단 간 설계

6. 한국광고학회, 광고학연구: **〈스토리텔링 광고가 광고효과에 미치는 영향에 있어 독특성 욕구 및 자기조절초점의 조절효과〉**

➡ **연구 1) 설계내용:** 2(스토리텔링 광고: 기업중심형 스토리텔링 광고 vs. 소비자 중심형 스토리텔링 광고)×2(독특성 욕구 수준: 낮음 vs. 높음) 집단 간 설계

➡ **연구 2) 설계내용:** 2(스토리텔링 광고: 기업중심형 스토리텔링 광고 vs. 소비자 중심형 스토리텔링 광고)×2(자기조절초점: 방어 vs. 촉진) 집단 간 설계

7. 한국심리학회, 한국심리학회지: **〈하위범주 유형이 제품평가에 미치는 영향에 관한 연구: 소비자의 자기조절 초점의 조절효과를 중심으로〉**

➡ **설계내용:** 2(제품의 하위범주 분류유형: 익숙한 제품분류 vs. 익숙하지 않은 제품분류)×2(자기조절초점: 방어 vs. 촉진) 집단 간 설계

8. 한국광고학회, 광고학연구: **〈항상 온라인 리뷰 수가 많을수록 좋은가? 영화 평점에 대한 소비자 반응을 중심으로〉**

➡ **설계내용:** 2(온라인 리뷰 수: 많음 vs. 적음)×2(온라인 리뷰 분포: 수렴 vs. 발산) 집단 간 설계

9. 한국마케팅학회, 마케팅연구: **〈혁신적 신제품에 대한 소비자 반응에 있어 심적 시뮬레이션 영향 연구〉**

➡ **설계내용:** 2(신제품의 혁신적 수준: 혁신성이 매우 높은 신제품 vs. 혁신성이 중간 정도인 신제품)×2(시뮬레이션 유형: 과정 시뮬레이션 vs. 결과 시뮬레이션) 집단 간 설계

10. 한국상품문화디자인학회, 상품문화디자인연구: **〈브랜디드 콘텐츠가 몰입 및 구매의도에 미치는 영향- 독특성 욕구의 조절효과와 즐거움의 매개효과〉**

➡ **설계내용:** 2(브랜디드 콘텐츠 vs. 감성광고)×2(독특성 욕구 낮음 vs. 독특성 욕구 높음) 집단 간 설계

10 결론

마지막 결론 부분에서는 가설 지지 여부와 함께 결과에 대한 해석을 작성해야 한다. 즉, 가설의 지지 여부를 바탕으로 이론적 기여도와 실무적 시사점을 제공해야 한다. 이러한 부분은 지도교수나 전문가에게 자문을 얻거나 연구자의 관점에서 추론하여 작성한다. 이 부분에서 제공되는 인사이트(insight)가 많으면 많을수록 좋은 논문이라고 할 수 있다.

가설의 경우 통계분석을 통해 지지되었는지, 또는 기각되었는지를 확인하고 평가해야 한다. 연구자가 선행연구들을 검토하여 가설의 방향성을 예측하고 분석을 통해 가설을 검증하였다면, 해당 가설은 지식을 확장시킨 좋은 가설이라고 할 수 있다. 즉, 가설이 지지되었다면 해당 논문은 이론적 또는 실무적으로 기여도가 있는 바람직한 논문이라고 할 수 있다. 한편, 기각된 가설이라고 전부 잘못된 것이라고 볼 수는 없다. 기각된 가설보다는 지지된 가설이 좋다는 의미이지, 기각된 가설이 전부 잘못된 것은 아니다. 기각된 가설도 기각된 이유와 원인 등 연구자의 관점에서 의미 있는 시사점을 풍부하게 제공해준다면, 후속 연구에서 방향을 예측할 수 있는 중요한 단서가 되는 논문이 될 수 있다. 따라서 가설의 지지 여부만으로 논문의 질을 판단할 수는 없다.

결론 부분에서 가장 주의해야 할 점은 연구자가 기각된 가설의 사실 여부를 숨기는 것이다. 가설은 예상하지 못한 다양한 환경과 원인으로 인해 기각될 수 있다. 이때 연구자의 관점에서 실패한 논문으로 판단하여 사실을 보고하지 않는 경우가 있는데 이는 바람직한 선택이 아니다. 때로는 기각된 가설과 이에 대한 결론이 긍정적이든 부정적이든 더욱

광범위한 이론들과 연관되어 지식으로 연결될 수 있으며, 잘못된 선행 연구들의 모순을 밝히는 데 유용하게 쓰일 수도 있다. 따라서 연구자는 결과를 숨기지 말고 후속 연구자가 해당 논문을 바탕으로 방향을 정확히 예측할 수 있도록 모든 내용을 사실대로 밝혀야 한다. 훌륭한 논문은 결과가 감춰지고 포장된 것이 아니라 모든 사실이 투명하게 공개된 논문이라는 점을 꼭 명심하길 바란다.

11 참고문헌

참고문헌(reference)을 작성하는 방법은 크게 시카고 매뉴얼 스타일, APA 스타일로 나뉜다. 시카고 매뉴얼 스타일(The Chicago Manual of Style)은 시카고대학교 출판부가 논문과 저서 등을 출판하는 과정에서 체계화한 방법으로 지금까지 17판이 나왔다. 반면 사회과학 논문에서는 APA 스타일을 가장 많이 활용한다. APA(American Psychological Association) 스타일은 미국심리학회에서 규정한 참고문헌 작성 지침이다. 이 방법은 1929년 논문 작성에 필요한 기준을 안내하기 위해 제안되었다. 현재까지 총 4번의 수정을 거쳐 사용되고 있다. APA 스타일은 현재 국내의 대표적인 사회과학 관련 학회인 한국심리학회, 한국광고학회, 한국마케팅학회, 한국커뮤니케이션학회, 한국디자인학회 등 심리학, 소비자행동, 간호학 관련 학회에서 많이 활용되고 있다. 따라서 실증연구를 진행하는 사회과학 연구 분야에서는 APA 스타일을 활용하여 참고문헌을 작성할 것을 권장한다.

APA 스타일 논문규정의 예

1. 본문 작성법

① 본문 내 인용은 괄호를 이용하여야 한다. 저자의 이름, 출판연도를 표기하여야 한다. 본문에서 저자의 이름이 밝혀졌다면 이름 옆에 연도만 표기한다.

- …… 이에 대한 효과가 있음을 주장하였다(홍길동, 2020).
- …… 이에 대한 효과가 있음을 주장하였다(홍길동, 홍길순, 2020).
- 홍길동(2020)의 연구에 의하면…….
- 홍길동과 홍길순(2020)의 연구에 의하면…….
- 홍길동, 홍길순, 홍길남(2020)의 연구에 의하면…….

② 특정 페이지나 단락, 공식이 인용된 경우에는 페이지 번호를 넣는다(예: 홍길동, 2020, p.35)

③ 저자명이 6명 미만인 경우 본문에 인용문이 처음 나타났을 때 모든 저자의 이름을 기입하고, 그다음 인용부터는 첫 번째 저자의 이름 다음에 et al.을 써서 나타낸다(예: Strauss et al., 2017). 공동저자 수가 6명 이상인 연구의 내용을 인용할 때는 본문에 모든 저자의 이름을 기입하지 않아도 되며 첫 인용부터 et al.을 써서 나타낸다.

④ 복수의 문헌을 인용할 경우에는 가나다 또는 알파벳 순서로 문헌 대표 저자명을 배열한다.

⑤ 동일 저자의 저작물이 두 편 이상인 경우에는 출판연도순으로 배열한다(예: Becker, 1996, 1997). 동일 저자의 2개 이상의 작업이 동일한 연도에 출간된 경우에는 연도 뒤에 알파벳을 넣어 순서대로 표기한다(Smith, 1981a, 1981b).

2. 참고문헌

① 참고문헌은 미국심리학회(APA) 출판요강에 제시된 형식을 따라 작성한다.

② 내국인, 외국인 순서로 작성한다. 내국인은 가나다순으로 정렬하고 외국인은 알파벳순으로 정렬한다.

③ 정기간행물의 경우 저자명, 출간연도, 논문 제목, 간행물 제목, 권호, 페이지 번호 순서대로 기록해야 한다. 간행물 제목과 권호는 기울임체로 표기한다.

- 국문
  - 한맑음, 류명식, 성열홍. (2016). 스토리텔링 광고가 광고효과에 미치는 영향에 있어 독특성 욕구 및 자기조절초점의 조절효과. *광고학연구, 27*(6), 97-127.
- 영문
  - Kirmani, A., & Zhu, R. (2007). Vigilant against manipulation: The effect of regulatory focus on the use of persuasion knowledge. *Journal of Marketing Research, 44*(4), 688-701.

④ 단행본의 경우 저자명, 출간연도, 책제목, 출판사 순서대로 기록해야 한다.

- 국문
  - 성열홍. (2010). *미디어 기업을 넘어 콘텐츠 기업으로*. 김영사.
- 영문
  - McKee, R. (1997). *Story: style, structure, substance, and the principles of screenwriting*. Harper Collins.

참고로, 간행물과 단행본은 구글 학술검색을 이용하면 쉽게 작성할 수 있다. 구글 학술검색 페이지에 접속한 후, 아래 그림과 같이 검색란에 참고한 논문의 저자명이나 간행물의 제목을 입력한다.

[그림 4-4] 구글 학술검색 예

검색한 간행물이나 논문이 검색되면 아래 그림과 같이 큰따옴표 부분을 클릭해준다.

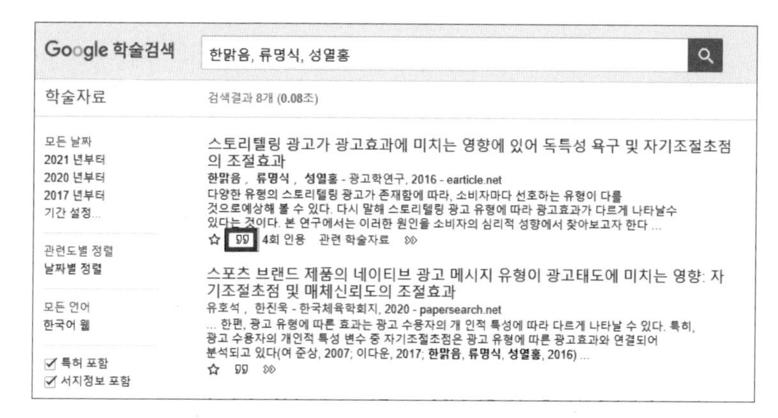

[그림 4-5] 구글 학술검색 결과 예

다음 그림과 같이 인용 팝업창이 뜨면 APA 스타일을 그대로 복사하여 사용한다.

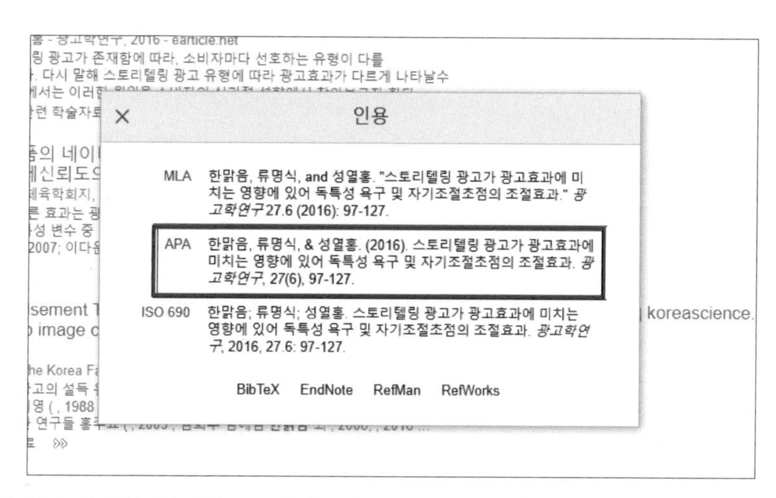

[그림 4-6] 구글 학술검색, APA 양식 복사

단, 한글 간행물의 경우에는 저자가 3명일 때 저자명에 &이 포함되어 있는데 이를 꼭 삭제한 후 참고문헌에 활용해야 한다. 영문의 경우 삭제하는 부분 없이 그대로 활용하면 된다. 기울임체도 동일하게 적용한다. 이처럼 구글 학술검색을 이용하면 간행물과 단행본까지 검색되기 때문에 APA 양식에 맞춰 참고문헌을 일일이 작성하지 않고도 손쉽게 통일할 수 있다.

- **한글 저자 3인 이상일 때 &이 포함된 경우**
  - 한맑음, 류명식, & 성열홍. (2016). 스토리텔링 광고가 광고효과에 미치는 영향에 있어 독특성 욕구 및 자기조절초점의 조절효과. *광고학연구, 27*(6), 97-127.
- **&을 삭제한 경우**
  - 한맑음, 류명식, 성열홍. (2016). 스토리텔링 광고가 광고효과에 미치는 영향에 있어 독특성 욕구 및 자기조절초점의 조절효과. *광고학연구, 27*(6), 97-127.

⑤ 학위논문의 경우 저자명, 학위수여 연도, 학위논문 제목, 학위명을 표기한 후 학위수여 대학명을 표기한다.

- 국내
  - 한맑음. (2020). 기업의 사회적 책임(CSR)활동이 기업이미지와 구매의도에 미치는 영향. 박사학위논문, 홍익대학교.
- 해외
  - HAN(2020). The Influence of the CSR Type on Corporate Image and Purchase Intention. doctoral dissertation, Hong-ik University.

⑥ 신문, 잡지, 뉴스레터 등은 출판일자가 분명할 경우에는 저자명 뒤의 괄호 안에 출판 년, 월, 일을 표기한다. 그렇지 않은 경우에는 출판연도와 월만 표기하거나 또는 출판연도와 계절만 표기한다. 신문기사는 기사 게재면을 표기하고, 온라인 기사의 경우에는 “Retrieved from http://...” 형식으로 출처를 밝힌다. 저자명이 있는 신문기사는 기고자 이름을 표기하고, 익명의 기고일 경우에는 기사제목의 두세 단어로 기사 작성자를 대신한다. 기자나 기고자 이름이 없이 언론사명으로 제공된 기사나 보도자료(press release)는 언론사명으로 저자명을 대신한다.

- Schwarz, J. (1993, September 30). Obesity affects economic and social status. *The Washington Post*, pp. A1, A4.
- Economics nudging people away from war. (2017, December 16). The Age, p. 33.
- CSIRO. (2007, March 20). Cyclone science shows rainforest impacts and recovery [Press release]. Retrieved from http://www.csiro.au/news/ps2wj.html.

⑦ 인터넷 자료의 경우 웹 페이지명. (접속일자). URL 순으로 작성한다.

- 한국대학교. (2020. 01. 01). URL : http//.........................

5장

연구방법론 핵심 이론 정리

앞에서 살펴본 연구방법론의 각 단계별 핵심 내용을 살펴본다.

이제 가상의 논문 주제를 선정하여 2×2 요인설계에 대한 연구모형, 연구문제 및 가설, 조작적 정의, 연구설계 등을 직접 작성해보고, SPSS 통계패키지 프로그램을 통해 통계분석 실습을 진행해보고자 한다. 먼저, 5장에서는 통계분석을 진행하기 전에 필수적으로 이해해야 할 연구 방법론의 핵심 이론을 9가지로 분류하여 정리하였다. 해당 이론을 꼭 숙지한 후 6장에서 실습을 진행하기 바란다. 아래 내용이 잘 이해되지 않으면 앞에서 살펴본 내용을 다시 한 번 찾아보고 숙지하기 바란다.

(1) 논문 제목

독립변수가 종속변수에 미치는 영향을 기준으로 작성한다. 조절변수나 매개변수가 있다면 소제목으로 활용한다.

예) 스토리텔링 광고가 광고효과에 미치는 영향 – 성별의 조절효과

(2) 변수의 이해

- **독립변수**: 인과관계에서 원인이 되는 변수
- **종속변수**: 인과관계에서 결과가 되는 변수
- **조절변수**: 독립변수가 종속변수에 영향을 미칠 때 중간에서 영향을 미치는 변수
- **매개변수**: 독립변수가 종속변수에 영향을 미칠 때 중간에서 영향을 미치는 변수

(3) 척도의 이해

- **명목척도**: 특성을 분류하기 위한 목적으로 사용되는 척도

  예) 성별: ① 남자, ② 여자 | 나이: ① 20대, ② 30대, ③ 40대 이상

- **순서척도**: 측정대상들 간의 특성을 순서대로 나타내는 척도

  예) 다음 중 선호하는 노트북 브랜드의 순위를 순서대로 표시하시오.

  ( ) 삼성 갤럭시 북, ( ) 애플 맥북 에어, ( ) LG 그램, ( ) MS 서피스

- **등간척도**: 점수의 단위들이 척도상의 모든 위치에서 동일한 값을 갖는 척도. 리커트 척도, 의미차별 척도가 많이 활용된다.

  예) 귀하는 방금 본 광고의 제품을 구매할 생각이 있으십니까?

  ① 전혀 그렇지 않다 ② 그렇지 않다 ③ 보통 ④ 그렇다 ⑤ 매우 그렇다

- **비율척도**: 다른 척도와 달리 절대영점을 포함하는 척도. 주관식으로 응답한다.

  예) 귀하의 나이는 어떻게 됩니까? ( )세

(4) 연구문제 및 가설의 이해

- **연구문제**: 연구자가 연구의 목적과 동기를 구체화시킨 것을 말한다. 관찰하고자 하는 대상과 제시한 의문을 해결할 수 있도록 작성해야 한다.

- **가설**: 2개 이상의 변수들 간의 관계를 연구를 통해 검증하기 전에 문장으로 예측한 표현이다. 대립가설과 귀무가설로 구분되며, 방향적 가설과 비방향적 가설로 세분화된다.

  – 방향적 가설

  예) 연구문제 1 : 제품유형은 구매의도에 차이가 있을 것인가?

가설 1 : 실용적 제품은 쾌락적 제품보다 구매의도가 높게 나타날 것이다.

- 비방향적 가설

예) 연구문제 1 : 제품유형은 구매의도에 차이가 있을 것인가?

가설 1 : 제품유형은 구매의도에 차이가 있을 것이다.

(5) 조작적 정의

연구목적에 맞게 변수를 정의하고, 이를 측정하여 수치화할 수 있는 방법을 구체적으로 제시한 것이다.

예) 광고태도: 광고 노출 상황에서 소비자들이 광고 자극에 대하여 호의적 또는 비호의적으로 반응하는 성향으로 정의할 수 있음. 홍길동(2020)이 연구에 사용한 세 가지 항목을 활용함. 리커트(Likert) 5점(또는 7점) 척도로 '1점 전혀 동의하지 않는다', '5점 매우 동의한다'로 구성됨.

- 방금 본 광고는 마음에 든다.
- 방금 본 광고는 긍정적인 느낌이 든다.
- 방금 본 광고는 좋다.

(6) 표본추출

시간과 비용 면에서 비확률 표본추출법인 편의 표본추출법을 사용할 것을 추천한다. 편의 표본추출법이란 연구자가 임의로 표본을 선정하는 방법이다.

(7) 연구설계

2개의 독립변수가 각각 두 수준을 가지고 총 4개의 수준을 갖는 '2×2 요인설계'를 추천한다. 설계 방법의 경우 실험에서 처치조건에 따라 상이한 피험자 집단을 사용하는 '집단 간 설계'를 추천한다. 분석이 쉽고 통계적 가정이 엄격하지 않기 때문이다.

(8) 연구모형

연구모형은 특정 주제에 관해 이론적으로 변수화된 개념들을 구조적으로 시각화한 것을 말한다. 독립변수가 종속변수에 미치는 영향은 필수조건이며, 여기에 조절변수와 매개변수를 포함하여 시각화할 수 있다. 2×2 요인설계의 경우 조절변수가 투입된 모형으로 표현한다.

(9) 2×2 요인설계

2개의 독립변수로 구성되고 독립변수의 경우 명목척도로 각각 2개씩 구성된다. 종속변수의 경우 태도, 행동과 관련된 변수로 2-3개 정도로 구성되고 리커트 척도 또는 의미차별 척도로 구성된다.

6장
실습하기

주제 선정, 연구모형 작성 및 연구문제와 연구가설 도출, 설문조사, 통계분석, 분석 결과 반영에 이르는 논문 작성의 전 과정을 실습해본다.

1 실습 1

실습 동영상 보기

연구방법론 핵심 이론을 모두 이해했다면 본격적으로 실습을 진행해보자. 예를 들어 '스토리텔링 광고유형과 성별이 광고효과에 미치는 영향'이라는 논문 주제를 선정했다고 가정해보자. 독립변수는 기업창업 스토리텔링 광고와 소비자경험 스토리텔링 광고로 구성되고, 또 다른 독립변수는 성별인 남자와 여자로 구성된다. 2개의 독립변수가 각각 두 수준을 갖는 2(스토리텔링 광고: 소비자경험 vs. 기업창업)×2(성별: 남자 vs. 여자) 요인설계이다.

독립변수인 스토리텔링 광고를 간략히 정의해보자. 소비자경험 스토리텔링 광고는 소비자들이 상품과 브랜드를 사용하면서 식섭 겪은 경험담이나, 소비자들 사이에서 떠도는 루머와 같은 소재로 구성된 광고를 말한다. 예를 들면, 베트남 전쟁에 참여한 미군이 적군의 총격에 쓰러졌지만 주머니에 넣어둔 지포라이터가 총알을 막아 목숨을 구한 스

[그림 6-1] 지포라이터의 소비자경험 스토리텔링 광고

토리를 들 수 있다. 실제로 이 스토리는 '주인을 구한 지포라이터'라는 소재로 잡지에 소개되면서 수많은 광고에 활용되었다.

기업창업 스토리텔링 광고는 성공한 기업 CEO의 창업신화나 경영철학, 기업의 역사 속 이야기 등으로 구성된 광고를 말한다. 한 예로 현대중공업은 고(故) 정주영 회장이 울산 현대조선소를 세우기 위해 500원짜리 지폐와 사진 1장만 가지고 외국 투자자들을 만난 스토리를 광고에 활용하였다.

[그림 6-2] 현대중공업의 기업창업 스토리텔링 광고

또 다른 독립변수는 남자와 여자로 구성된 성별이다. 연구 주제와 설계를 맞췄다면 연구모형, 연구문제 및 가설을 도출해야 한다. 연구모형은 조절변수가 포함된 모형으로 시각화를 해준다.

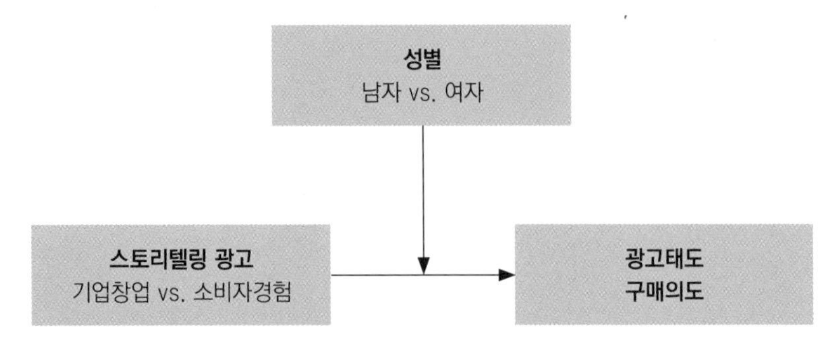

[그림 6-3] 스토리텔링 광고×성별 2×2 요인설계 연구모형

성별의 경우 위에서 언급했듯이 해당 모형에서 조절변수의 개념으로도 접근할 수 있다. 조절변수의 경우 단독으로 종속변수에 영향을 미치지 못하고 독립변수의 영향을 받아 종속변수에 영향을 미쳐야 한다. 즉, 성별의 경우 스토리텔링 광고와 함께 상호작용항을 통해 광고태도와 구매의도에 영향을 미쳐야 한다. 여기서 스토리텔링 광고는 독립변수로 종속변수에 직접 영향을 미칠 수 있다. 따라서 먼저 스토리텔링 광고가 광고태도와 구매의도에 차이가 있는지 주효과를 살펴보고, 성별과 함께 상호작용효과를 검증해야 한다.

연구모형을 작성했다면 다음으로 이에 대한 연구문제와 가설을 도출해야 한다. 가설의 경우 방향적 가설로 작성하는 것을 추천한다. 가설을 도출하기 위해서는 반드시 선행연구를 검토하여 이론적 근거를 제시해주어야 한다. 선행연구 검토는 많으면 많을수록 좋다.

예를 들어, 스토리텔링 광고와 관련된 선행연구나 문헌들을 살펴봤더니 기업창업 스토리텔링 광고가 소비자경험 스토리텔링 광고보다 수용자들의 만족도, 즐거움, 추천의도를 더욱 높여주는 것으로 나타났다고 하자. 그러면 이러한 선행연구들을 검토한 결과를 바탕으로 기업창업 스토리텔링 광고가 소비자경험 스토리텔링 광고보다 광고태도와 구매의도가 높게 나타날 것을 예상할 수 있다. 즉, 선행연구의 결과들을 정리하여 이론적 근거들을 제시한 후 방향적 가설을 도출해주는 것이다. 만약 선행연구가 부족하거나, 스토리텔링 광고를 비교한 결과가 차이가 있으나 한쪽 방향으로 일관적이지 못해 방향성을 예측할 수 없다면 비방향적 가설을 사용해도 된다.

스토리텔링 광고가 광고태도, 구매의도에 미치는 영향에 대한 가설 예

홍길동(2020)이 진행한 스토리텔링 광고와 관련한 선행연구에 따르면 기업창업 스토리텔링 광고는 소비자경험 스토리텔링 광고보다 즐거움을 더욱 높여주는 것으로 나타났다. 또한 홍길순(2020)의 연구에서도 이와 동일하게 기업창업 스토리텔링 광고가 소비자경험 스토리텔링 광고보다 만족도와 추천의도를 높여주는 결과가 나타났다. 이러한 선행연구들을 검토해봤을 때 기업창업 스토리텔링 광고는 소비자경험 스토리텔링 광고보다 광고태도와 구매의도가 높게 나타날 것이라는 점을 예상할 수 있다. 따라서 다음과 같은 연구문제와 가설을 도출하였다.◆

- **연구문제 1**: 스토리텔링 광고유형은 광고효과에 차이가 있을 것인가? 또는 스토리텔링 광고유형은 광고태도 및 구매의도에 차이가 있을 것인가?

◆ 실습에서는 방향적 가설, 비방향적 가설을 모두 작성하였다. 실제 논문에서는 둘 중 하나만 선택하여 작성해준다.

- 방향적 가설
  - 가설 1: 기업창업 스토리텔링 광고는 소비자경험 스토리텔링 광고보다 광고태도가 높게 나타날 것이다.
  - 가설 2: 기업창업 스토리텔링 광고는 소비자경험 스토리텔링 광고보다 구매의도가 높게 나타날 것이다.
- 비방향적 가설
  - 가설 1: 스토리텔링 광고유형은 광고태도에 차이가 있을 것이다.
  - 가설 2: 스토리텔링 광고유형은 구매의도에 차이가 있을 것이다.

스토리텔링 광고와 관련한 연구문제와 가설을 도출했다면 다음은 상호작용효과에 관한 연구문제와 가설을 도출해야 한다. 이 부분도 마찬가지로 성별에 대한 선행연구 검토가 반드시 이루어져야 한다.

예를 들어 '남자의 경우 사회적으로 성공한 기업인이나 정치인 또는 유명인을 본받으려는 성향이 여자보다 높아 광고에 기업인이나 유명인이 모델로 등장하면 해당 광고를 더욱 신뢰하는 성향을 보인다'라는 연구 결과가 있다고 가정해보자. 그리고 '여자의 경우 광고에 나타난 제품을 구매하기 전에 실제 제품에 대한 구매후기를 확인한 후, 광고에서 전달하는 메시지가 본인이 확인한 후기와 얼마나 일치하는지 확인하려는 성향이 남자보다 강하다'라는 연구 결과도 있다고 가정해보자. 이러한 선행연구들을 검토해봤을 때 성별에 따라 선호하는 광고가 다르다는 것을 예상할 수 있다. 따라서 상호작용효과도 선행연구를 검토하여 이론적 근거를 제시한 후 연구문제와 가설을 도출해주어야 한다.

스토리텔링 광고와 성별이 광고태도, 구매의도에 미치는 영향에 대한 가설 예

성별에 관한 연구들은 심리학 분야에서 많이 다뤄지고 있다. 특히 남자와 여자의 심리적 성향이 다르다는 점에 착안하여 진행한 연구들을 많이 찾아볼 수 있다. 홍길동(2020)의 광고모델과 관련한 선행연구를 살펴보면, 남자의 경우 사회적으로 성공한 기업인이나 유명인을 존경하고 본받으려는 성향이 강하게 나타난다고 한다. 반면 여자의 경우 기업인이나 유명인보다는 변호사나 의사와 같은 전문인을 더욱 선호하는 성향이 강하게 나타난다고 한다. 그의 연구 결과에 따르면 남자들은 사회적으로 성공한 기업인이나 유명인이 등장하는 광고를 더욱 신뢰하였으며, 여자들은 의사나 변호사 같은 전문인이 등장하는 광고를 더욱 신뢰하였다.

홍길순(2020)의 연구에서도 성별에 따른 인식의 차이를 살펴볼 수 있다. 그의 연구 결과에 따르면, 여자의 경우 광고에 나타난 제품을 구매하기 전에 실제 제품에 대한 구매후기를 확인한 후, 광고에서 전달하는 메시지가 본인이 확인한 후기와 얼마나 일치하는지를 확인하려는 성향이 남자보다 강하게 나타났다. 반면 남자의 경우 광고에 만족하면 구매후기를 따로 확인하지 않으려는 성향이 강한 것으로 나타났다.

선행연구 결과를 살펴봤을 때, 성별에 따라 광고효과에 차이가 존재할 수 있다는 것을 예상할 수 있다. 남자의 경우 성공한 기업인이 등장하는 기업창업 스토리텔링 광고를 선호하고, 여자의 경우 소비자의 구매후기를 바탕으로 하는 소비자경험 스토리텔링 광고를 선호할 것으로 예상해볼 수 있다. 따라서 다음과 같은 연구문제와 가설을 도출하였다.

- **연구문제 2**: 스토리텔링 광고는 성별에 따라 광고효과에 차이가 있을 것인가? 또는 스토리텔링 광고는 성별에 따라 광고태도 및 구매의도에 차이가 있을 것인가?
- **방향적 가설**
  - 가설 2-1: 기업창업 스토리텔링 광고의 경우 여자보다 남자가 광고태도가 높게 나타날 것이다.
  - 가설 2-2: 소비자경험 스토리텔링 광고의 경우 남자보다 여자가 광고태도가 높게 나타날 것이다.
  - 가설 2-3: 기업창업 스토리텔링 광고의 경우 여자보다 남자가 구매의도가 높게 나타날 것이다.
  - 가설 2-4: 소비자경험 스토리텔링 광고의 경우 남자보다 여자가 구매의도가 높게 나타날 것이다.

- 비방향적 가설 1
  - 가설 2: 스토리텔링 광고유형은 성별에 따라 광고태도에 차이가 있을 것이다.
  - 가설 3: 스토리텔링 광고유형은 성별에 따라 구매의도에 차이가 있을 것이다.
- 비방향적 가설 2
  - 가설 2: 스토리텔링 광고유형이 광고태도에 영향을 미치는 데 있어 성별은 그 효과를 조절할 것이다.
  - 가설 3: 스토리텔링 광고유형이 구매의도에 영향을 미치는 데 있어 성별은 그 효과를 조절할 것이다.

연구문제와 가설 설정을 완료하였다면, 이제 설문조사에 필요한 조작적 정의 부분을 작성해야 한다. 조작적 정의는 등간척도로 활용될 부분만 작성하면 된다. 2개의 독립변수는 명목척도이기 때문에 광고태도와 구매의도만 작성하면 된다. 측정항목의 경우 3-5개로 구성하는 것이 적당하다. 측정항목은 앞에서 조작적 정의를 설명할 때 언급했듯이 꼭 선행연구에서 사용된 항목을 활용해야 한다.

- **광고태도**: '광고태도는 광고 노출 상황에서 소비자들이 광고 자극에 대하여 호의적 또는 비호의적으로 반응하는 성향'이라고 정의할 수 있다. 본 연구에서는 홍길동(2020)이 연구에 사용한 세 가지 항목을 본 연구에 맞게 활용하였다. 모든 측정항목은 리커트(Likert) 5점 척도로 '1점 전혀 동의하지 않는다', '5점 매우 동의한다'로 구성하였다.
  - 방금 본 광고는 마음에 든다.
  - 방금 본 광고는 긍정적인 느낌이 든다.
  - 방금 본 광고는 좋다.

- **구매의도**: '구매의도는 소비자가 기업의 제품이나 서비스에 대하여 미리 기대하거나 계획한 미래 지향적인 행동'이라고 정의할 수 있다. 본 연구에서는 홍길순(2020)이 연구에 사용한 세 가지 항목을 본 연구에 맞게 수정·보완하여 활용하였다. 모든 측정항목은 리커트(Likert) 5점 척도로 '1점 전혀 동의하지 않는다', '5점 매우 동의한다'로 구성하였다.
  - 방금 본 광고의 제품을 살 것 같다.
  - 방금 본 광고의 제품을 살 가능성이 있다.
  - 방금 본 광고의 제품은 확실히 살 것 같다.

조작적 정의 작성까지 완료하였다면 이제 설문지를 작성한 후 설문조사를 진행하면 된다. 조사는 '집단 간 설계'를 활용하여 진행한다. 집단 내 설계를 활용할 경우 상호작용에 문제가 생길 수 있으므로 꼭 집단 간 설계를 활용할 것을 당부한다. 집단 간 설계는 2개의 독립변수 중 1개의 독립변수에만 피험자가 처치되는 방법이기 때문에 기업창업 스토리텔링 광고가 들어간 설문지 1개, 소비자경험 스토리텔링 광고가 들어간 설문지 1개, 총 2개의 설문지를 작성해야 한다.

표본추출 방법으로는 연구자가 조사 대상자와 크기를 임의적으로 판단하는 '편의 표본추출법'을 활용한다. 총 200명을 대상으로 조사를 실시한다고 가정하자. 이때 100명에게는 기업창업 스토리텔링 광고를 보여준 후 광고태도와 구매의도를 측정하고, 나머지 100명에게는 소비자경험 스토리텔링 광고를 보여준 후 광고태도와 구매의도를 측정하면 된다. 또 다른 독립변수인 성별의 경우 남자와 여자의 비율을 최대한 맞춰가면서 조사를 실시해야 한다. 한쪽으로 비율이 너무 치우치면 신뢰할 수 없는 결과가 나타날 수 있다. 또한 설문지 뒷부분에는 인구통계특성을 포함해야 한다. 인구통계특성에는 성별과 나이를 기본적으로 포함시키고, 특별히 연구자가 확인하고 싶은 내용들이 있다면 소득, 직업 등과 같은 항목을 넣어주면 된다. 인구통계특성은 설문지 가장 뒤에 배치하면 된다.

설문조사를 완료한 뒤에는 SPSS 프로그램에서 코딩 작업을 한 후 통계분석을 진행하여 가설을 검증한다. 2×2 요인설계에서 분석해야 할 통계분석 방법은 총 네 가지로 다음과 같다.

- **빈도분석**: 조사에 참여한 응답자의 특성을 살펴본다.
- **신뢰도 분석**: 연구에 활용된 척도의 신뢰성을 검증한다.
- **독립표본 t-test**: 두 독립변수의 차이를 검증한다.
- **분산분석(two-way-ANOVA)**: 상호작용효과(조절효과)를 검증한다.

실습 1 논문 총정리

1 제목

1. 스토리텔링 광고유형과 성별이 광고효과에 미치는 영향
2. 스토리텔링 광고유형이 광고태도 및 구매의도에 미치는 영향: 성별의 조절효과

2 변수의 구성

1. 독립변수 1: 스토리텔링 광고유형(기업창업 스토리 vs. 소비자경험 스토리)
2. 독립변수 2(조절변수): 성별(남자 vs. 여자)
3. 종속변수: 광고효과(광고태도, 구매의도)

3 연구설계

2(스토리텔링 광고유형: 소비자경험 스토리 vs. 기업창업 스토리) × 2(성별: 남자 vs. 여자) 집단 간 설계(between-groups design)

4 설문지 구성항목

1. 광고태도: '방금 본 광고는 마음에 든다', '방금 본 광고는 긍정적인 느낌이 든다', '방금 본 광고는 좋다' 총 3개
2. 구매의도: '방금 본 광고의 제품을 살 것 같다', '방금 본 광고의 제품을 살 가능성이 있다', '방금 본 광고의 제품은 확실히 살 것 같다' 총 3개
3. 인구통계특성: 성별, 나이, 직업 총 3개

5 통계분석 방법

1. 기술통계, 빈도분석(일반적 특성에 대한 빈도)
2. 척도의 신뢰도 분석
3. 독립표본 t-test
4. 이원분산분석(two-way-ANOVA)

1-1 코딩하기

설문조사를 실시하여 응답자로부터 받은 조사 결과를 분석하기 위해서는 먼저 응답 결과를 SPSS Statistics 통계프로그램이 인식할 수 있도록 만들어야 한다. 이러한 작업을 코딩(coding)이라고 한다. 코딩은 Excel을 통해 진행할 수 있고 SPSS 프로그램에 직접 입력할 수도 있다. 두 가지 방법 모두 어렵지 않다.

2개의 스토리텔링 광고(기업창업 스토리텔링 vs. 소비자경험 스토리텔링)에 대한 광고효과(광고태도, 구매의도)를 측정하기 위해 집단 간 설계를 활용하여 설문조사를 실시하였다. 총 200명 중 100명에게는 기업창업 스토리텔링 광고를 보여주고, 나머지 100명에게는 소비자경험 스토리텔링 광고를 보여준 후 리커트 7점 척도를 통해 광고태도와 구매의도를 조사하였다. 다음은 연구자가 작성한 설문지다. 해당 예를 가지고 코딩을 진행해보자.

※ 통계실습 전 암기사항

사회과학 논문에서 가설을 검증할 때는 유의수준(p-value)을 기준으로 평가한다. 일반적으로 유의수준은 0.05(5%)를 기준으로 한다. 즉, 통계분석 시 유의수준이 0.05보다 낮다면 대립가설이 지지될 확률은 95%이고, 기각될 확률은 5%라는 의미이다. 0.01(1%)은 지지될 확률이 99%이고 기각될 확률이 1%이며, 0.001(0.1%)은 지지될 확률이 99.9%이고 기각될 확률이 0.1%라는 의미다. 연구자는 자신이 세운 연구가설을 지지(귀무가설 기각)시켜야 하기 때문에 0.05 기준보다 낮은 유의수준을 얻어야 한다.
유의수준 표기 방법은 아래 표를 참고한다.

유의수준 기준	기준보다 낮을 경우	기준보다 높을 경우
0.05	*p 〈 .05	p 〉 .05
0.01	**p 〈 .01	p 〉 .05
0.001	***p 〈 .001	p 〉 .05

설문지의 예

1) 다음은 광고태도에 관한 문항입니다. 각 항목별로 해당하는 곳에 체크해주세요.

항 목	전혀 동의하지 않는다 보통 이다 매우 동의한다
1) 방금 본 광고는 마음에 든다.	1 - 2 - 3 - 4 - 5 - 6 - 7
2) 방금 본 광고는 긍정적인 느낌이 든다.	1 - 2 - 3 - 4 - 5 - 6 - 7
3) 방금 본 광고는 좋다.	1 - 2 - 3 - 4 - 5 - 6 - 7

2) 다음은 구매의도에 관한 문항입니다. 각 항목별로 해당하는 곳에 체크해주세요.

항 목	전혀 동의하지 않는다 보통 이다 매우 동의한다
1) 방금 본 광고의 제품을 살 것 같다.	1 - 2 - 3 - 4 - 5 - 6 - 7
2) 방금 본 광고의 제품을 살 가능성이 있다.	1 - 2 - 3 - 4 - 5 - 6 - 7
3) 방금 본 광고의 제품은 확실히 살 것 같다.	1 - 2 - 3 - 4 - 5 - 6 - 7

3) 다음은 귀하의 개인 특성에 대한 질문입니다. 해당하는 곳에 체크하세요.

1. 귀하의 성별은? ① 남자 ② 여자

2. 귀하의 연령은? ① 20-29세 ② 30-39세 ③ 40-49세 ④ 50세 이상

3. 귀하의 직업은?

① 대학/대학원생 ② 직장인 ③ 주부 ④ 자영업 ⑤ 기타

1-2 SPSS Statistics 코딩 따라하기

▶ 실습 동영상 보기

SPSS Statistics 프로그램을 클릭하여 실행한다.

① SPSS 실행 후 초기화면에서 왼쪽 하단의 [변수보기]를 클릭한다.

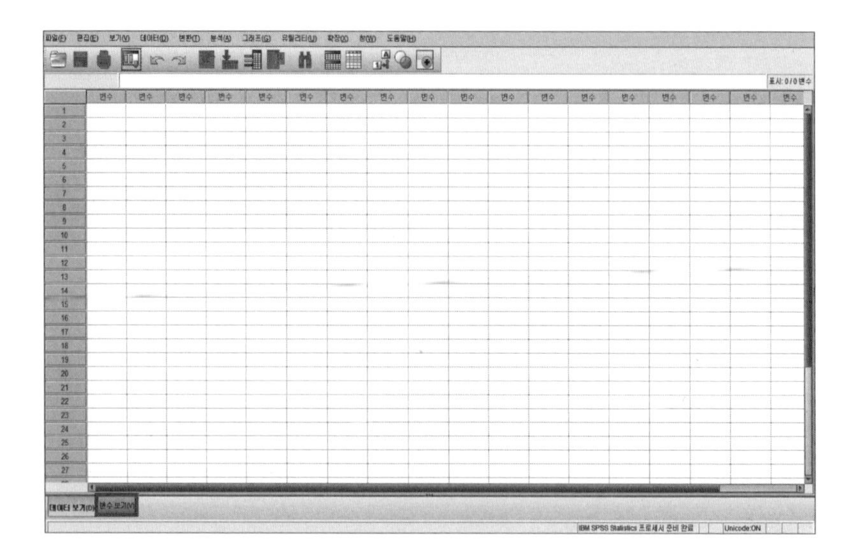

② [이름] 항목에 광고유형, 광고태도, 구매의도 등 각각의 변수명을 입력한다.

파일(F) 편집(E) 보기(V) 데이터(D) 변환(T) 분석(A) 그래프(G) 유틸리티(U) 확장(X) 창(W) 도움말(H)

	이름	유형	너비	소수점이하자리	레이블	값	결측값	열	맞춤	측도	역할
1	광고유형	숫자	8	2		지정않음	지정않음	8	오른쪽	알 수 없음	입력
2	광고태도1	숫자	8	2		지정않음	지정않음	8	오른쪽	알 수 없음	입력
3	광고태도2	숫자	8	2		지정않음	지정않음	8	오른쪽	알 수 없음	입력
4	광고태도3	숫자	8	2		지정않음	지정않음	8	오른쪽	알 수 없음	입력
5	구매의도1	숫자	8	2		지정않음	지정않음	8	오른쪽	알 수 없음	입력
6	구매의도2	숫자	8	2		지정않음	지정않음	8	오른쪽	알 수 없음	입력
7	구매의도3	숫자	8	2		지정않음	지정않음	8	오른쪽	알 수 없음	입력
8	성별	숫자	8	2		지정않음	지정않음	8	오른쪽	알 수 없음	입력
9	연령	숫자	8	2		지정않음	지정않음	8	오른쪽	알 수 없음	입력
10	직업	숫자	8	2		지정않음	지정않음	8	오른쪽	알 수 없음	입력

이름을 입력하면 유형, 너비, 소수점 이하자리, 레이블, 값, 결측값, 열, 맞춤, 측도, 역할이라는 부분이 나타난다. 값과 측도를 제외한 후 기본 값을 설정한다.

- **유형**: 설문지의 응답이 모두 숫자로 체크되어 있기 때문에 기본 숫자로 선택한다.
- **너비**: 셀의 너비. 기본 8로 선택한다.
- **소수점 이하자리**: 입력되는 숫자의 소수점을 의미. 기본 2로 선택한다.
- **레이블**: 변수에 대한 설명 및 메모를 작성한다.
- **값**: 설문지의 보기 값을 입력한다.
- **측도**: 범주형 척도, 연속형 척도를 선택하여 입력한다.

③ [값] 항목을 선택한 후 ... 버튼을 클릭한다.

이름	유형	너비	소수점이하자리	레이블	값	결측값
광고유형	숫자	8	2		지정않음 ...	지정않음
광고태도1	숫자	8	2		지정않음	지정않음
광고태도2	숫자	8	2		지정않음	지정않음

④ [기준값]과 [레이블]을 작성한다. 1번은 기업창업 스토리텔링 광고, 2번은 소비자경험 스토리텔링 광고로 입력하고 [추가] → [확인]을 누른다.

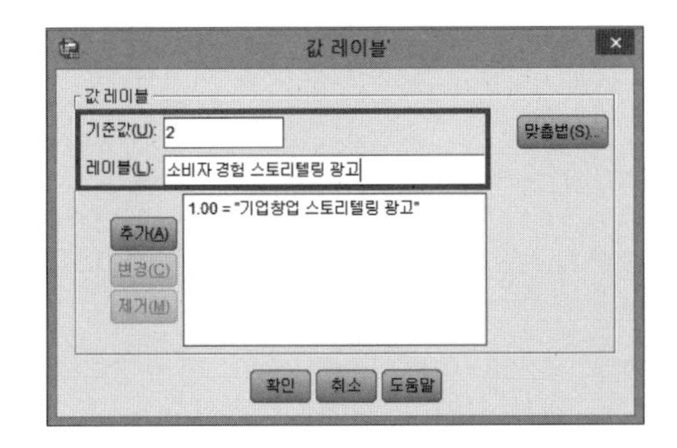

⑤ 광고태도, 구매의도의 경우 리커트 7점 척도 보기 값을 입력한다.

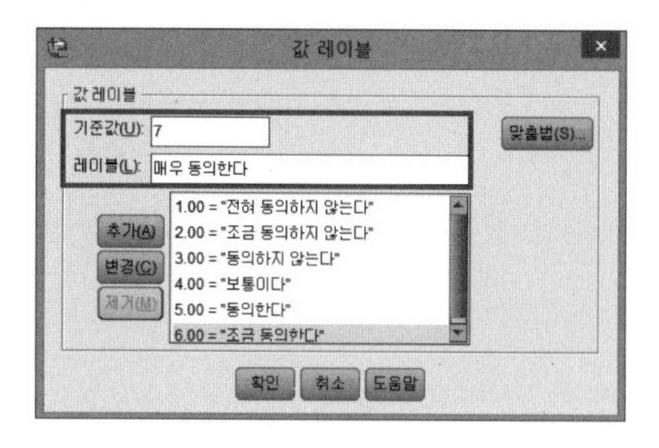

⑥ 인구통계특성 값도 동일하게 입력하여 설문지 세부 보기 값을 모두 입력한다.

이름	유형	너비	소수점이...	레이블	값	결측값	열	맞춤	측도	역할
광고유형	숫자	8	2		{1.00, 기업...	지정않음	8	오른쪽	알 수 없음	입력
광고태도1	숫자	8	2		{1.00, 전혀 ...	지정않음	8	오른쪽	알 수 없음	입력
광고태도2	숫자	8	2		{1.00, 전혀 ...	지정않음	8	오른쪽	알 수 없음	입력
광고태도3	숫자	8	2		{1.00, 전혀 ...	지정않음	8	오른쪽	알 수 없음	입력
구매의도1	숫자	8	2		{1.00, 전혀 ...	지정않음	8	오른쪽	알 수 없음	입력
구매의도2	숫자	8	2		{1.00, 전혀 ...	지정않음	8	오른쪽	알 수 없음	입력
구매의도3	숫자	8	2		{1.00, 전혀 ...	지정않음	8	오른쪽	알 수 없음	입력
성별	숫자	8	2		{1.00, 남자}...	지정않음	8	오른쪽	알 수 없음	입력
연령	숫자	8	2		{1.00, 20-29...	지정않음	8	오른쪽	알 수 없음	입력
직업	숫자	8	2		{1.00, 대학/...	지정않음	8	오른쪽	알 수 없음	입력

⑦ [측도]에서 '알 수 없음' 부분을 클릭한 후 범주형 척도, 연속형 척도 값을 입력한다. 명목척도의 경우 명목형, 순위척도의 경우 순서형, 등간척도나 비율척도의 경우 척도를 선택한다.

이름	유형	너비	소수점이...	레이블	값	결측값	열	맞춤	측도	역할
광고유형	숫자	8	2		{1.00, 기업...	지정않음	8	오른쪽	척도	입력
광고태도1	숫자	8	2		{1.00, 전혀 ...	지정않음	8	오른쪽	척도	입력
광고태도2	숫자	8	2		{1.00, 전혀 ...	지정않음	8	오른쪽	순서형	입력
광고태도3	숫자	8	2		{1.00, 전혀 ...	지정않음	8	오른쪽	명목형(N)	입력
구매의도1	숫자	8	2		{1.00, 전혀 ...	지정않음	8	오른쪽	알 수 없음	입력
구매의도2	숫자	8	2		{1.00, 전혀 ...	지정않음	8	오른쪽	알 수 없음	입력
구매의도3	숫자	8	2		{1.00, 전혀 ...	지정않음	8	오른쪽	알 수 없음	입력
성별	숫자	8	2		{1.00, 남자}...	지정않음	8	오른쪽	알 수 없음	입력
연령	숫자	8	2		{1.00, 20-29...	지정않음	8	오른쪽	알 수 없음	입력
직업	숫자	8	2		{1.00, 대학/...	지정않음	8	오른쪽	알 수 없음	입력

⑧ 독립변수인 광고유형과 성별, 연령, 직업은 명목척도이기 때문에 '명목형'을 선택하고, 광고태도와 구매의도는 등간척도이기 때문에 '척도'를 선택한다.

이름	유형	너비	소수점이...	레이블	값	결측값	열	맞춤	척도	역할
광고유형	숫자	8	2		{1.00, 기업...	지정않음	8	오른쪽	명목형(N)	입력
광고태도1	숫자	8	2		{1.00, 전혀 ...	지정않음	8	오른쪽	척도	입력
광고태도2	숫자	8	2		{1.00, 전혀 ...	지정않음	8	오른쪽	척도	입력
광고태도3	숫자	8	2		{1.00, 전혀 ...	지정않음	8	오른쪽	척도	입력
구매의도1	숫자	8	2		{1.00, 전혀 ...	지정않음	8	오른쪽	척도	입력
구매의도2	숫자	8	2		{1.00, 전혀 ...	지정않음	8	오른쪽	척도	입력
구매의도3	숫자	8	2		{1.00, 전혀 ...	지정않음	8	오른쪽	척도	입력
성별	숫자	8	2		{1.00, 남자}...	지정않음	8	오른쪽	명목형(N)	입력
연령	숫자	8	2		{1.00, 20-29...	지정않음	8	오른쪽	명목형(N)	입력
직업	숫자	8	2		{1.00, 대학/...	지정않음	8	오른쪽	명목형(N)	입력

⑨ 왼쪽 하단의 [데이터 보기]를 클릭한 후 수치를 입력한다.

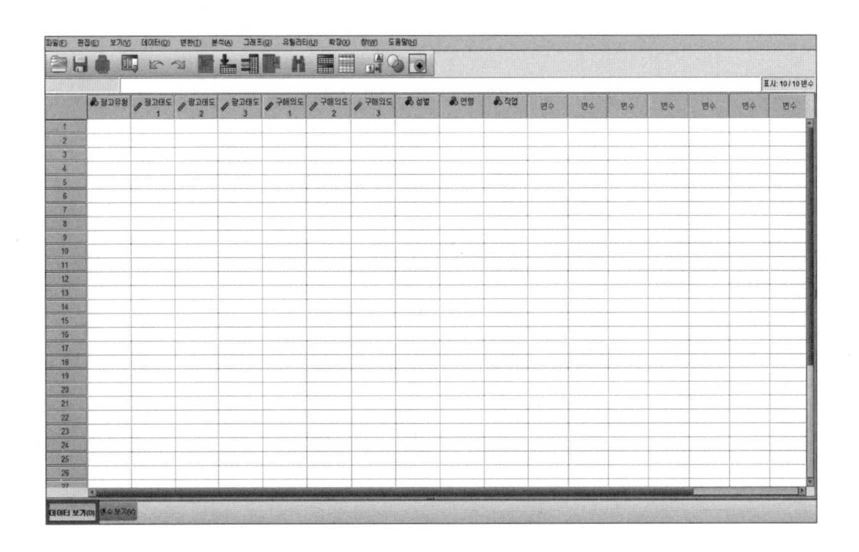

광고유형 1번에는 기업창업 스토리텔링 광고에 대해 응답한 수치를 입력하고, 2번에는 소비자경험 스토리텔링 광고에 대해 응답한 수치를 입력한다. 응답한 내용을 가로로 입력하면 된다. 한 줄에 한 명의 응답 결과를 작성한다.

1-3 Excel에서 데이터 불러오기

엑셀을 이용하여 설문지에 관한 데이터를 입력했다면 SPSS Statistics 프로그램에서 [불러오기] 기능을 활용하여 데이터값을 가져올 수 있다.

① 엑셀에서 작업한 데이터값을 불러온다.

	A	B	C	D	E	F	G	H	I	J
1	광고유형	광고태도1	광고태도2	광고태도3	구매의도1	구매의도2	구매의도3	성별	연령	직업
2	1	7	7	7	6	6	6	1	1	1
3	1	5	4	4	5	3	4	2	1	1
4	1	7	7	7	4	3	3	1	1	1
5	1	4	5	4	3	3	7	2	1	1
6	1	5	4	4	3	3	6	2	1	1
7	1	6	6	3	3	3	7	2	1	1
8	1	7	7	3	3	2	4	2	1	1
9	1	4	5	3	3	2	4	2	1	1
10	1	6	6	4	4	3	7	2	1	1
11	1	5	4	3	3	3	5	2	1	1
12	1	7	7	3	3	3	7	2	1	1
13	1	7	7	2	2	2	4	2	1	1
14	1	7	7	3	3	3	5	2	1	1
15	1	7	6	3	3	3	6	1	1	1
16	1	7	7	7	7	7	7	1	1	1
17	1	4	3	4	3	3	3	2	1	1
18	1	5	5	5	2	2	3	2	1	1
19	1	6	6	6	5	4	4	1	1	1
20	1	7	7	7	1	4	3	1	1	1
21	1	7	7	7	3	3	3	2	1	1
22	1	7	7	7	2	4	4	2	1	1
23	1	7	7	7	5	4	4	1	1	1
24	1	7	7	7	4	4	4	2	1	1
25	1	7	7	7	5	6	6	2	1	1
26	1	6	5	6	6	7	7	2	1	1

② [파일] → [열기] → [데이터]를 클릭한다.

③ [파일 유형]에서 Excel을 설정한 후 Excel 파일을 찾아 선택한다.

④ '데이터 첫 행에서 변수 이름 읽어오기'에 체크한 후 [확인]을 클릭한다.

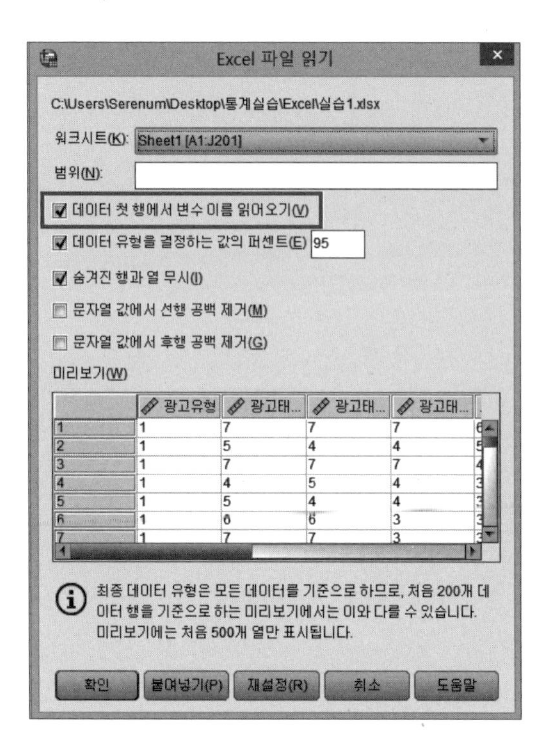

⑤ 첫 번째 행에서 변수 이름을 읽어왔기 때문에 SPSS Statistics에서 코딩한 내용과 동일한 화면이 나타난다.

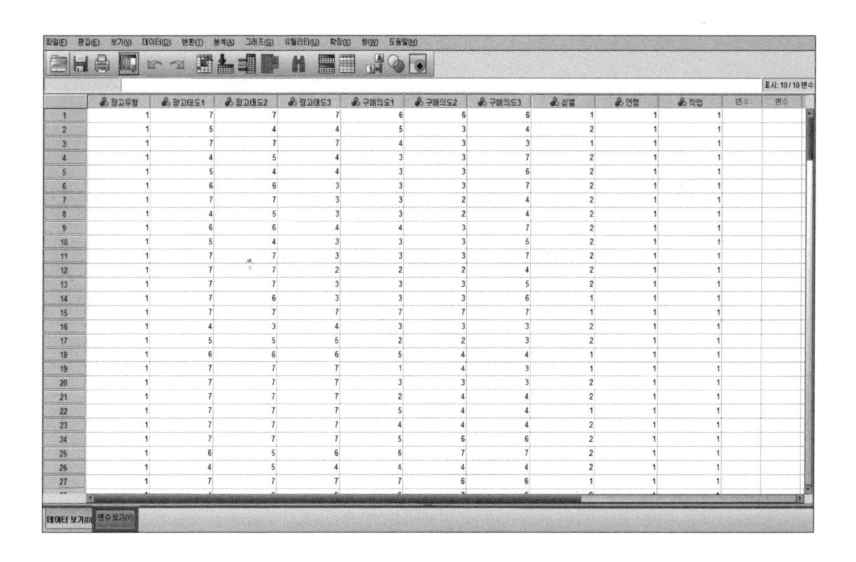

	광고유형	광고태도1	광고태도2	광고태도3	구매의도1	구매의도2	구매의도3	성별	연령	직업	변수	변수
1	1	7	7	7	6	6	6	1	1	1		
2	1	5	4	4	5	3	4	2	1	1		
3	1	7	7	7	4	3	3	1	1	1		
4	1	4	5	4	3	3	7	2	1	1		
5	1	5	4	4	3	3	6	2	1	1		
6	1	6	6	3	3	3	7	2	1	1		
7	1	7	7	3	3	2	4	2	1	1		
8	1	4	5	3	3	2	4	2	1	1		
9	1	6	6	4	4	3	7	2	1	1		
10	1	5	4	3	3	3	5	2	1	1		
11	1	7	7	3	3	3	7	2	1	1		
12	1	7	7	2	2	2	4	2	1	1		
13	1	7	7	3	3	3	5	2	1	1		
14	1	7	6	3	3	3	6	1	1	1		
15	1	7	7	7	7	7	7	1	1	1		
16	1	4	3	4	3	3	3	2	1	1		
17	1	5	5	5	2	2	3	2	1	1		
18	1	6	6	6	5	4	4	1	1	1		
19	1	7	7	7	1	4	3	1	1	1		
20	1	7	7	7	3	3	3	2	1	1		
21	1	7	7	7	2	4	4	2	1	1		
22	1	7	7	7	5	4	4	1	1	1		
23	1	7	7	7	4	4	4	2	1	1		
24	1	7	7	7	5	6	6	2	1	1		
25	1	6	5	6	6	7	7	2	1	1		
26	1	4	5	4	4	4	4	2	1	1		
27	1	7	7	7	7	6	6	1	1	1		

이후 왼쪽 하단의 [변수 보기]를 클릭하여 위에서 실습한 설문지 세부 보기 값과 측도값을 입력한 후 분석을 진행한다.

1-4 빈도분석

▶ 실습 동영상 보기

빈도분석은 변수가 가지는 각 범주 속의 특성을 확인할 수 있는 가장 기초적인 분석 방법이다. 빈도분석에서는 설문에 응답한 피험자가 어떤 응답을 했는지 수치와 %로 값을 표현해준다. 일반적 특성을 분석할 때 많이 활용된다.

빈도분석에서는 명목척도, 순위척도, 등간척도, 비율척도를 모두 사용할 수 있다. 그리고 평균, 중위수, 최빈값, 합계 및 표준편차, 분산, 최솟값, 최댓값, 범위, 평균에 대한 표준오차, 왜도 및 첨도 등을 확인할 수 있다.

① SPSS 프로그램을 실행한 후 [파일] → [열기] → [데이터]를 클릭한다.

② 실습1번 예제파일을 선택한 후 [열기]를 클릭한다.

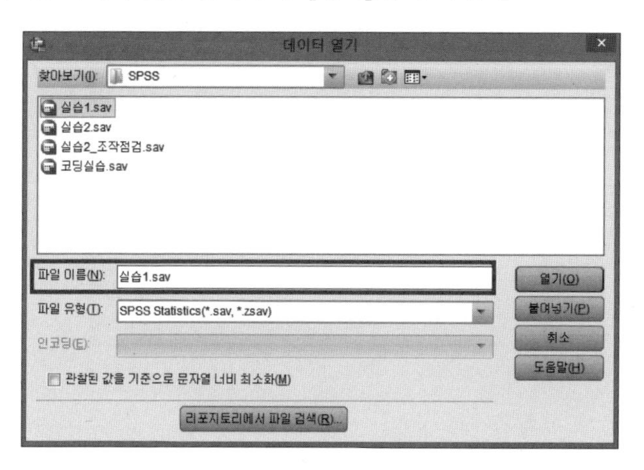

③ [분석] → [기술통계량] → [빈도분석]을 클릭한다.

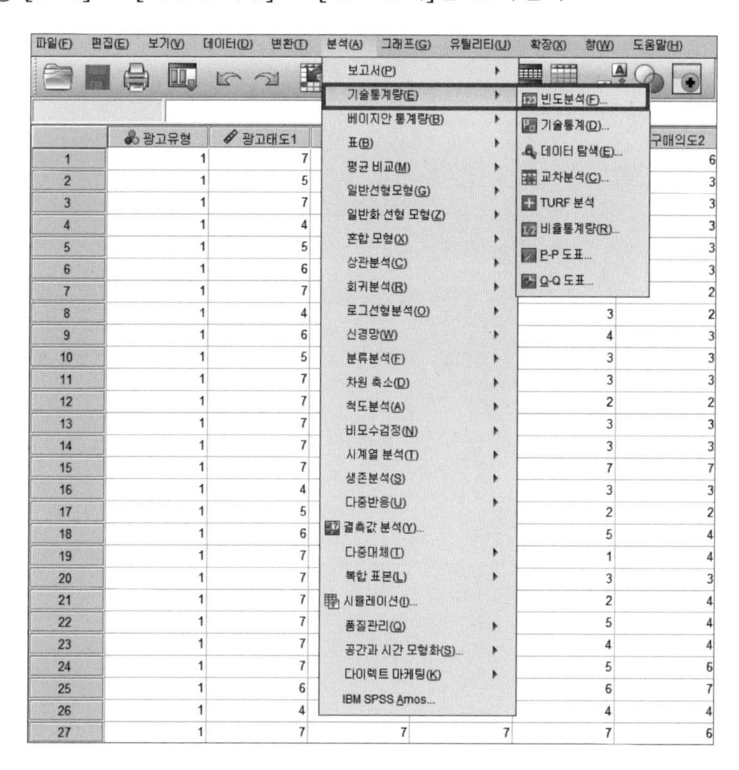

④ 일반적 특성을 [변수] 란으로 이동한 후 [확인]을 클릭한다.

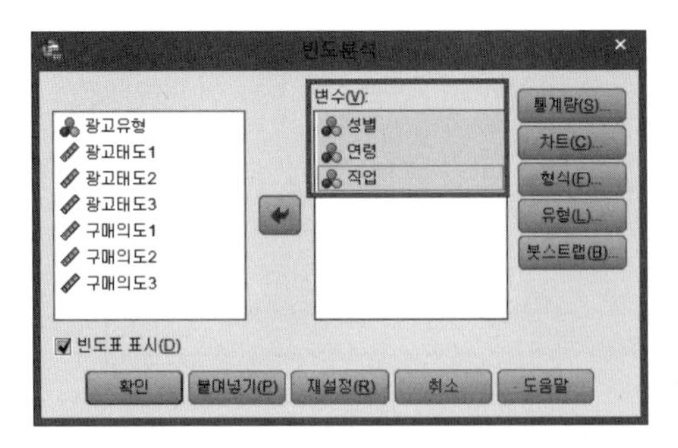

⑤ 빈도분석 결과를 확인한다.

성별

		빈도	퍼센트	유효 퍼센트	누적 퍼센트
유효	남자	98	49.0	49.0	49.0
	여자	102	51.0	51.0	100.0
	전체	200	100.0	100.0	

연령

		빈도	퍼센트	유효 퍼센트	누적 퍼센트
유효	20-29세	125	62.5	62.5	62.5
	30-39세	22	11.0	11.0	73.5
	40-49세	38	19.0	19.0	92.5
	50세 이상	15	7.5	7.5	100.0
	전체	200	100.0	100.0	

직업

		빈도	퍼센트	유효 퍼센트	누적 퍼센트
유효	대학/대학원생	116	58.0	58.0	58.0
	직장인	58	29.0	29.0	87.0
	자영업	8	4.0	4.0	91.0
	기타	18	9.0	9.0	100.0
	전체	200	100.0	100.0	

빈도분석 결과 설문에 응답한 표본은 남자 98명(49.0%), 여자 102명 (51.0%) 총 200명으로 확인된다. 연령과 직업에 대한 빈도와 퍼센트도 확인할 수 있다.

1-5 신뢰도 분석

▶ 실습 동영상 보기

가설을 검증하기 전에 설문조사에 사용한 측정항목들이 얼마나 신뢰성(reliability)을 가지고 조사되었는지 확인하는 과정을 거쳐야 한다. 이러한 척도의 신뢰성은 신뢰도 분석을 통해 확인할 수 있다. 신뢰도 분석은 한 개의 측정도구로 여러 번 반복하여 측정했을 때, 얼마나 일관성 있게 측정되었는가를 확인하기 위한 분석이다. 신뢰성을 평가하는 방법에는 내적일관성(internal consistency), 반복측정 신뢰성(test-retest reliability), 대항항목 신뢰성(alternative-form reliability), 반분법(split halves method) 등이 있다. 이 중 내적일관성을 활용한 크론바흐 알파계수(Cronbach alpha coefficient) 방법이 가장 많이 사용된다.

내적 일관성은 측정항목들 간 상관관계로 평가하는데, 항목들 간 상관관계가 높을수록 내적 일관성이 높다고 평가한다. 크론바흐 알파계수(Cronbach's α)는 0~1 사이의 값을 가지며, 수치가 높을수록 신뢰성이 높은 것으로 판단한다. 0.6 이상이면 양호, 0.7 이상이면 적합, 0.8 이상이면 높다고 본다. 0.6 이하로 나타나면 신뢰성을 확보할 수 없다.

가설을 검증하기 전에 실습을 통해 신뢰도 분석을 실시해보자.

① [분석] → [척도분석] → [신뢰도 분석]을 클릭한다.

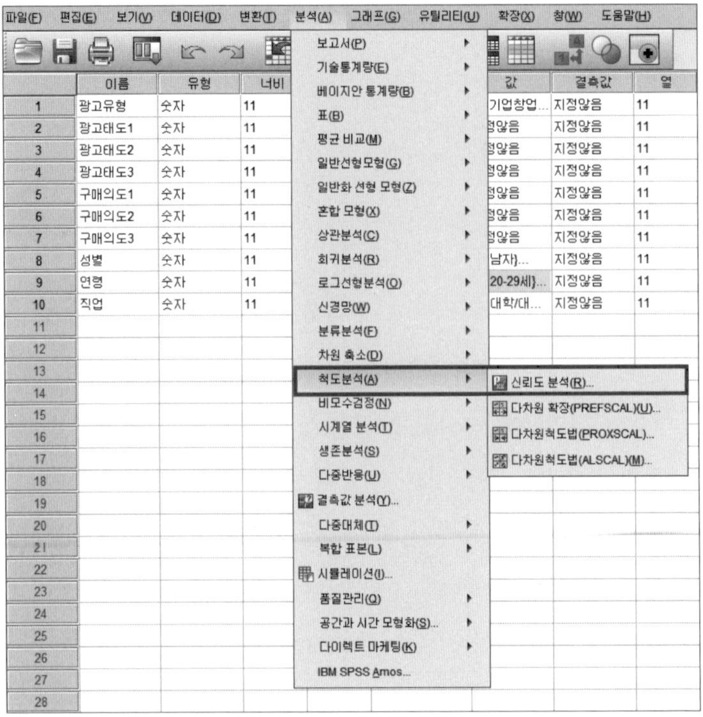

파일(F) 편집(E) 보기(V) 데이터(D) 변환(T) 분석(A) 그래프(G) 유틸리티(U) 확장(X) 창(W) 도움말(H)

	이름	유형	너비	값	결측값	열
1	광고유형	숫자	11	기업창업...	지정않음	11
2	광고태도1	숫자	11	정않음	지정않음	11
3	광고태도2	숫자	11	정않음	지정않음	11
4	광고태도3	숫자	11	정않음	지정않음	11
5	구매의도1	숫자	11	정않음	지정않음	11
6	구매의도2	숫자	11	정않음	지정않음	11
7	구매의도3	숫자	11	정않음	지정않음	11
8	성별	숫자	11	남자}...	지정않음	11
9	연령	숫자	11	20-29세}...	지정않음	11
10	직업	숫자	11	대학/대...	지정않음	11

보고서(P)
기술통계량(E)
베이지안 통계량(B)
표(B)
평균 비교(M)
일반선형모형(G)
일반화 선형 모형(Z)
혼합 모형(X)
상관분석(C)
회귀분석(R)
로그선형분석(O)
신경망(W)
분류분석(F)
차원 축소(D)
척도분석(A)
비모수검정(N)
시계열 분석(T)
생존분석(S)
다중반응(U)
결측값 분석(Y)...
다중대체(T)
복합 표본(L)
시뮬레이션(I)...
품질관리(Q)
공간과 시간 모형화(S)...
다이렉트 마케팅(K)
IBM SPSS Amos...

신뢰도 분석(R)...
다차원 확장(PREFSCAL)(U)...
다차원척도법(PROXSCAL)...
다차원척도법(ALSCAL)(M)...

② 광고태도를 측정한 세 항목을 우측 '항목' 부분으로 이동한 후 [통계량]을 클릭한다.

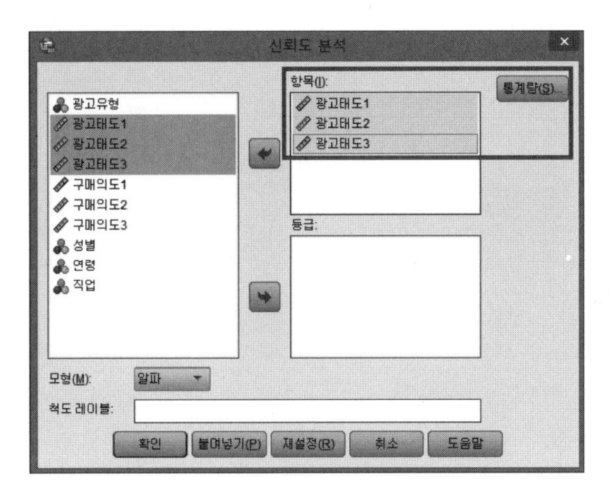

③ '항목제거시 척도' 옵션에 체크한 후 [계속] → [확인] 버튼을 클릭한다.

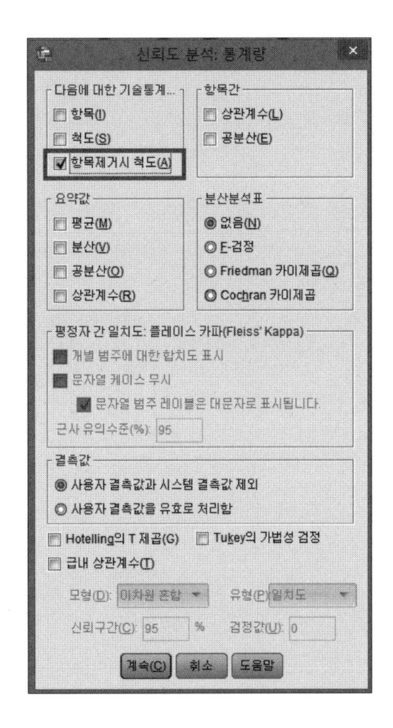

④ [분석] → [척도분석]→ [신뢰도 분석]을 클릭한 후 구매의도를 측정한 세 항목을 동일하게 분석한다.

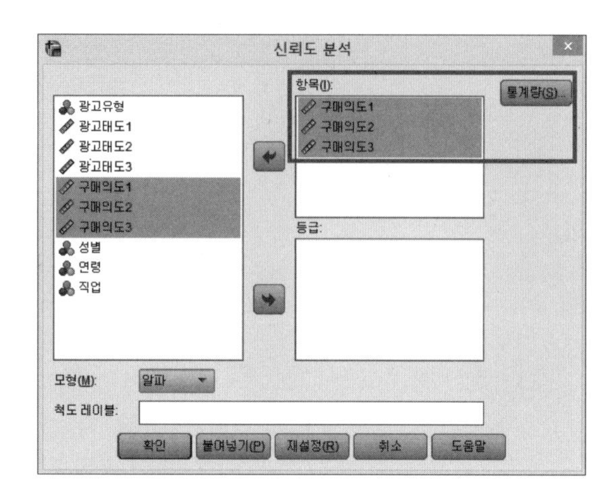

⑤ 광고태도 신뢰도 분석 결과를 확인한다.

케이스 처리 요약

		N	%
케이스	유효	200	100.0
	제외됨[a]	0	.0
	전체	200	100.0

a. 목록별 삭제는 프로시저의 모든 변수를 기준으로 합니다.

신뢰도 통계량

Cronbach의 알파	항목 수
.942	3

항목 총계 통계량

	항목이 삭제된 경우 척도 평균	항목이 삭제된 경우 척도 분산	수정된 항목-전체 상관계수	항목이 삭제된 경우 Cronbach 알파
광고태도1	9.27	12.570	.873	.920
광고태도2	9.40	11.970	.913	.889
광고태도3	9.56	12.197	.853	.936

광고태도의 크론바흐 알파계수(Cronbach's α)가 0.942로 0.6보다 높다. 따라서 광고태도를 구성하는 세 가지 측정 항목에 관한 척도의 신뢰성은 적합하다고 볼 수 있다.

'항목 총계 통계량' 표의 가장 오른쪽을 보면 '항목이 삭제된 경우 Cronbach 알파'라는 부분이 있다. 0.920, 0.889, 0.936 세 수치로 구성되어 있는데, 이는 광고태도1번 항목을 삭제하고 분석하면 기존 0.942의 결과값이 0.920으로 변화한다는 것이다. 만약 크론바흐 알파계수가 0.6 이하로 나타난다면 '항목이 삭제된 경우 Cronbach 알파' 부분을 확인하여 1개씩 제거하여 수치를 높여주면 된다.

⑥ 구매의도 신뢰도 분석 결과를 확인한다.

케이스 처리 요약

		N	%
케이스	유효	200	100.0
	제외됨[a]	0	.0
	전체	200	100.0

a. 목록별 삭제는 프로시저의 모든 변수를 기준으로 합니다.

신뢰도 통계량

Cronbach의 알파	항목 수
.913	3

항목 총계 통계량

	항목이 삭제된 경우 척도 평균	항목이 삭제된 경우 척도 분산	수정된 항목-전체 상관계수	항목이 삭제된 경우 Cronbach 알파
구매의도1	8.74	11.341	.878	.830
구매의도2	8.85	12.122	.799	.895
구매의도3	8.55	11.626	.799	.896

구매의도의 크론바흐 알파계수(Cronbach's α)가 0.913으로 0.6보다 높다. 따라서 구매의도를 구성하는 세 가지 측성 항복에 관한 척도의 신뢰성은 적합하다고 결론 내릴 수 있다.

1-6 변수 합산

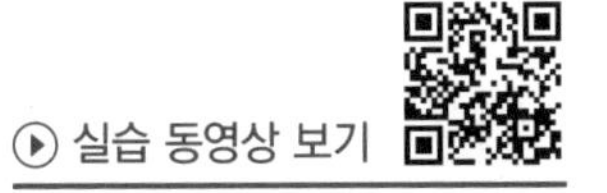

신뢰도 분석을 통해 척도의 신뢰성을 확인했다면, 각각의 측정항목을 합산하여 하나의 변수로 만들어야 한다.

① [변환] → [변수계산]을 클릭한다.

파일(F) 편집(E) 보기(V) 데이터(D) 변환(T) 분석(A) 그래프(G) 유틸리티(U) 확장(X) 창(W) 도움말(H)

변수 계산(C)...
Programmability 변환...
케이스 내의 값 빈도(O)...
값 이동(F)...
같은 변수로 코딩변경(S)...
다른 변수로 코딩변경(R)...
자동 코딩변경(A)...
더미변수 작성
시각적 구간화(B)...
최적 구간화(I)...
모형화를 위한 데이터 준비(P)
순위변수 생성(K)...
날짜 및 시간 마법사(D)...
시계열 변수 생성(M)...
결측값 대체(V)...
난수 생성기(G)...
변환 중지 Ctrl+G

	광고유형	광고			구매의도1	구매의도2
1	1				6	6
2	1				5	3
3	1				4	3
4	1				3	3
5	1				3	3
6	1				3	3
7	1				3	2
8	1				3	2
9	1				4	3
10	1				3	3
11	1				3	3
12	1				2	2
13	1				3	3
14	1				3	3
15	1				7	7
16	1				3	3
17	1	5	5	5	2	2
18	1	6	6	6	5	4
19	1	7	7	7	1	4
20	1	7	7	7	3	3
21	1	7	7	7	2	4
22	1	7	7	7	5	4
23	1	7	7	7	4	4
24	1	7	7	7	5	6
25	1	6	5	6	6	7
26	1	4	5	4	4	4
27	1	7	7	7	7	6

② [목표변수]에 '광고태도'를 입력하고 [숫자표현식(E)]에 (광고태도1+광고태도2+광고태도3)/3을 입력한다. 이때 마우스를 이용해 아래 키보드 버튼을 누르거나 직접 입력하면 된다. 마지막 부분 /3은 측정항목이 3개로 구성되어 있다는 것을 나타낸다. 만약 측정항목이 4개라면 /4, 5개라면 /5를 입력하면 된다.

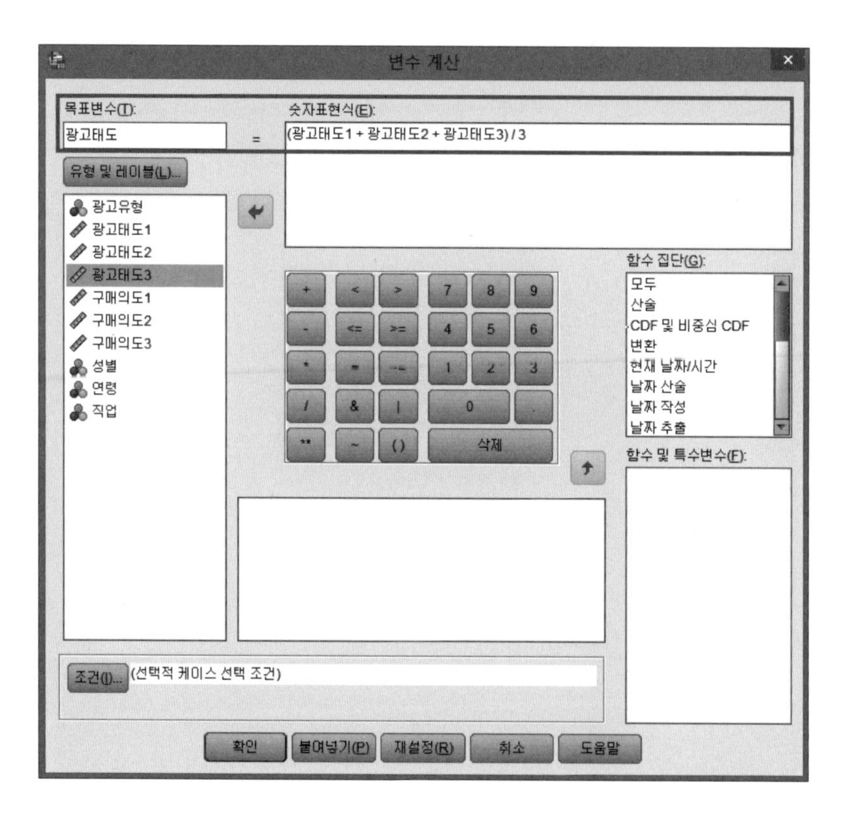

③ [변환] → [변수계산] → [구매의도]도 동일하게 입력한다.

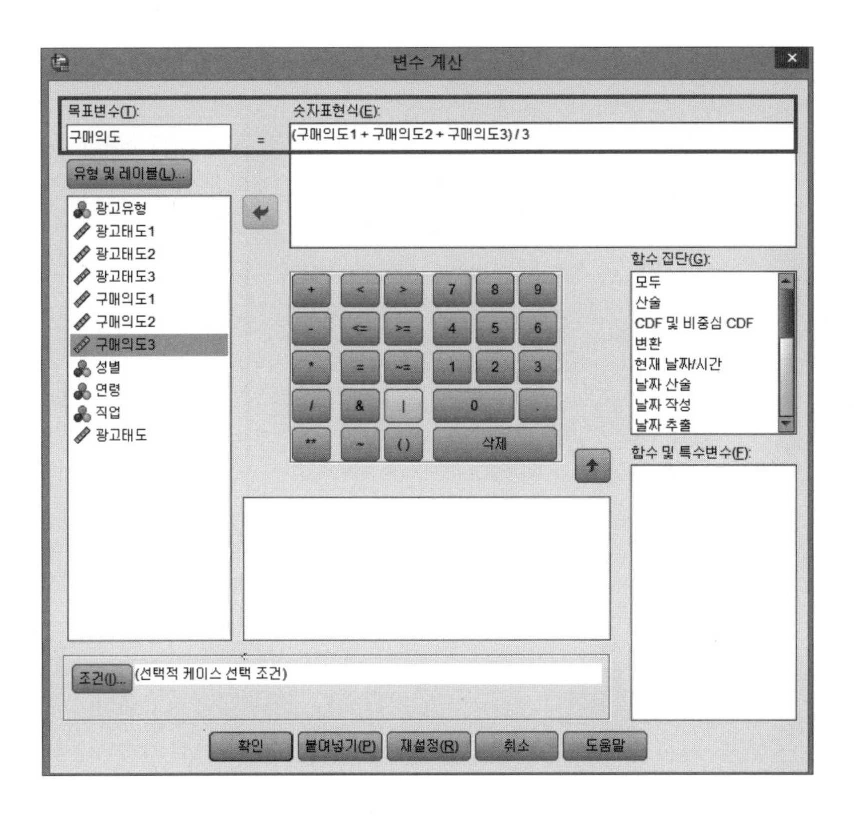

④ 데이터 오른쪽 끝에 광고태도와 구매의도 변수가 새롭게 나타난 것을 볼 수 있다.

파일(F) 편집(E) 보기(V) 데이터(D) 변환(T) 분석(A) 그래프(G) 유틸리티(U) 확장(X) 창(W) 도움말(H)

	광고태도2	광고태도3	구매의도1	구매의도2	구매의도3	성별	연령	직업	광고태도	구매의도	변수
1	7	7	6	6	6	1	1	1	7.00	6.00	
2	4	4	5	3	4	2	1	1	4.33	4.00	
3	7	7	4	3	3	1	1	1	7.00	3.33	
4	5	4	3	3	7	2	1	1	4.33	4.33	
5	4	4	3	3	6	2	1	1	4.33	4.00	
6	6	3	3	3	7	2	1	1	5.00	4.33	
7	7	3	3	2	4	2	1	1	5.67	3.00	
8	5	3	3	2	4	2	1	1	4.00	3.00	
9	6	4	4	3	7	2	1	1	5.33	4.67	
10	4	3	3	3	5	2	1	1	4.00	3.67	
11	7	3	3	3	7	2	1	1	5.67	4.33	
12	7	2	2	2	4	2	1	1	5.33	2.67	
13	7	3	3	3	5	2	1	1	5.67	3.67	
14	6	3	3	3	6	1	1	1	5.33	4.00	
15	7	7	7	7	7	1	1	1	7.00	7.00	
16	3	4	3	3	3	2	1	1	3.67	3.00	
17	5	5	2	2	3	2	1	1	5.00	2.33	
18	6	6	5	4	4	1	1	1	6.00	4.33	
19	7	7	1	4	3	1	1	1	7.00	2.67	
20	7	7	3	3	3	2	1	1	7.00	3.00	
21	7	7	2	4	4	2	1	1	7.00	3.33	
22	7	7	5	4	4	1	1	1	7.00	4.33	
23	7	7	4	4	4	2	1	1	7.00	4.00	
24	7	7	5	6	6	2	1	1	7.00	5.67	
25	5	6	6	7	7	2	1	1	5.67	6.67	
26	5	4	4	4	4	2	1	1	4.33	4.00	
27	7	7	7	6	6	1	1	1	7.00	6.33	

변수 계산을 실시하게 되면 위의 그림처럼 광고태도와 구매의도가 평균으로 계산되어 하나의 변수로 합산된 것을 확인할 수 있다. 이 변수들을 기준으로 분석을 실시하면 되는데, 이때 주의할 점은 변수 계산 전에 각 변수에 대해 신뢰도 분석을 진행하여 꼭 크론바흐 알파계수(Cronbach's α)가 0.6 이상으로 적합하게 나타나야 한다는 것이다. 이 조건을 충족하지 못할 경우 하나의 변수로 합산할 수 없다.

1-7 t-test

▶ 실습 동영상 보기 

t-test(t검정)는 평균을 기준으로 두 집단의 차이를 비교할 때 사용하는 분석 방법이다. t-test는 1개의 집단을 2회 측정(사전-사후)하여 비교하는 대응표본 t-test와 2개의 집단을 비교하는 독립표본 t-test로 구분할 수 있다. 본서에서는 기업창업 스토리텔링 광고와 소비자경험 스토리텔링 광고, 즉 2개의 집단을 비교하기 위한 독립표본 t-test만 다룬다.

- **가설 1**: 기업창업 스토리텔링 광고는 소비자경험 스토리텔링 광고보다 광고태도가 높게 나타날 것이다.
- **가설 2**: 기업창업 스토리텔링 광고는 소비자경험 스토리텔링 광고보다 구매의도가 높게 나타날 것이다.

해당 가설은 기업창업 스토리를 기반으로 제작한 광고와 소비자경험 스토리를 기반으로 제작한 광고를 비교하기 위해 세운 가설이다. 200명을 대상으로 각각 100명씩 두 집단으로 나눠 설문조사를 실시하였다. 따라서 2개의 집단을 비교하기 위해 독립표본 t-test를 실시해야 한다. 독립표본 t-test의 경우 독립변수는 명목척도로 구성되어야 하며, 종속변수는 연속형 척도(등간척도, 비율척도)로 구성되어야 한다.

① [분석] → [평균비교] → [독립표본 T검정]을 클릭한다.

② [검정변수] 란에 종속변수인 광고태도, 구매의도를 넣고 [집단변수] 란에 독립변수인 광고유형을 넣는다. 그런 다음 [집단 정의]를 클릭한다.

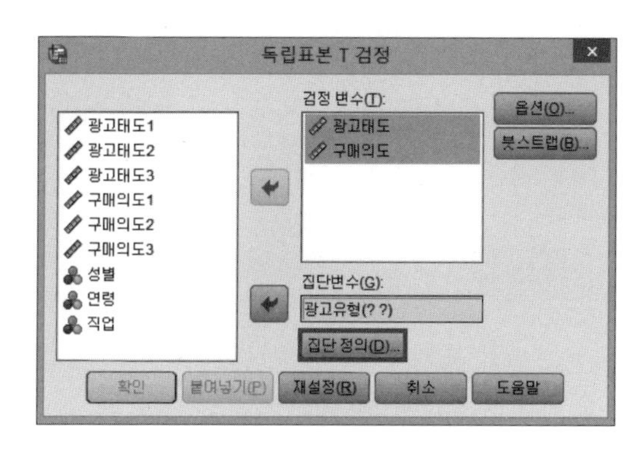

③ [집단 1]에 1을 입력하고 [집단 2]에 2를 입력한 후 [계속]을 클릭한다.

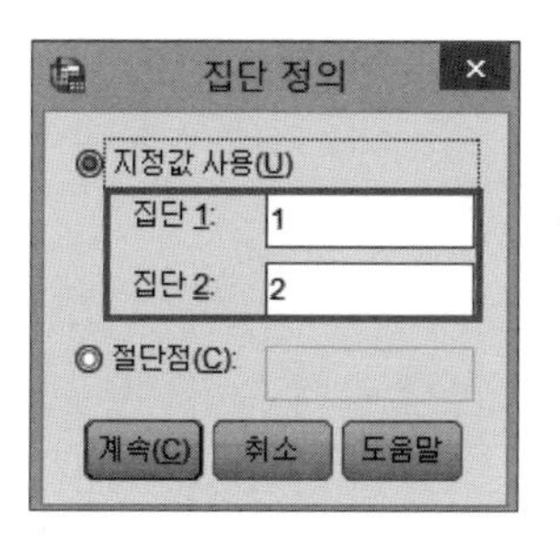

④ [확인]을 클릭한다.

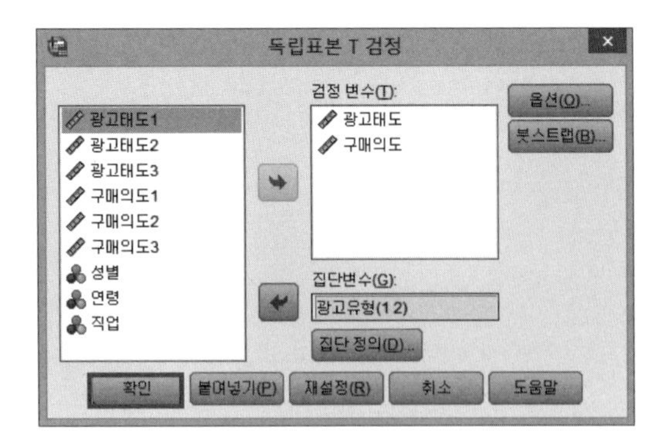

⑤ 독립표본 t-test 분석 결과를 확인한다.

집단통계량

	광고유형	N	평균	표준화 편차	표준오차 평균
광고태도	기업창업스토리	100	4.9533	1.78220	.17822
	소비자경험스토리	100	4.4567	1.63688	.16369
구매의도	기업창업스토리	100	4.4633	1.52193	.15219
	소비자경험스토리	100	4.2467	1.81441	.18144

독립표본 검정

		Levene의 등분산 검정		평균의 동일성에 대한 T 검정						
									차이의 95% 신뢰구간	
		F	유의확률	t	자유도	유의확률 (양측)	평균차이	표준오차 차이	하한	상한
광고태도	등분산을 가정함	1.746	.188	2.052	198	.041	.49667	.24198	.01947	.97386
	등분산을 가정하지 않음			2.052	196.584	.041	.49667	.24198	.01945	.97388
구매의도	등분산을 가정함	5.864	.016	.915	198	.361	.21667	.23682	-.25035	.68368
	등분산을 가정하지 않음			.915	192.182	.361	.21667	.23682	-.25043	.68377

분석 결과를 살펴보면 기업창업 스토리텔링, 소비자경험 스토리텔링 집단은 각각 100명씩이다(N=표본의 수를 말함). 광고태도의 경우 기업창업 스토리텔링 광고가 소비자경험 스토리텔링 광고보다 평균값이 높다. 또한 유의확률의 경우 .041로 .05보다 낮아 통계적으로 유의한 수준에서 차이가 있다.◆ 따라서 광고태도의 경우 기업창업 스토리텔링 광고가 소비자경험 스토리텔링 광고보다 높다고 할 수 있다.

한편 구매의도의 경우에도 기업창업 스토리텔링 광고가 소비자경험 스토리텔링 광고보다 평균값이 높다. 그러나 유의확률이 .361로 .05보다 높아 통계적으로 유의한 수준에서 차이가 없다. 따라서 구매의도의 경우 기업창업 스토리텔링 광고와 소비자경험 스토리텔링 광고는 평균값의 차이가 있으나 통계적으로 유의한 수준에서는 차이가 없다고 할 수 있다. 즉, 두 광고는 차이가 없다고 할 수 있다.

- **가설 1**: 기업창업 스토리텔링 광고는 소비자경험 스토리텔링 광고보다 광고태도가 높게 나타날 것이다. (지지)
- **가설 2**: 기업창업 스토리텔링 광고는 소비자경험 스토리텔링 광고보다 구매의도가 높게 나타날 것이다. (기각)

◆ 독립표본 t-test 유의확률의 경우 분석결과를 살펴보면 '등분산을 가정함'과 '등분산을 가정하지 않음' 두 줄로 확인된다. 결과 왼쪽에 Levene의 등분산 검정에서 유의확률이 0.05보다 낮다면 아래의 t값과 유의확률을 기준으로 해석을 실시하고, 유의확률이 0.05보다 높다면 위의 t값과 유의확률을 기준으로 해석을 실시하면 된다.

1-8 이원분산분석

이원분산분석(two-way-ANOVA)은 독립변수가 2개일 때, 집단 간 종속변수의 차이를 비교할 때 사용하는 분석 방법이다. 즉, 스토리텔링 광고유형과 성별에 따른 광고태도와 구매의도의 차이를 비교하기 위해서는 이원분산분석을 실시해야 한다. 이 분석은 2×2 요인설계에서 가장 핵심이 되는 분석으로 주효과와 상호작용효과를 확인할 수 있다. 주효과는 각각의 독립변수가 종속변수에 미치는 영향을 말하며, 상호작용효과는 2개의 독립변수가 결합되어 종속변수에 미치는 영향을 말한다. 이를 그림으로 표현하면 다음과 같다.

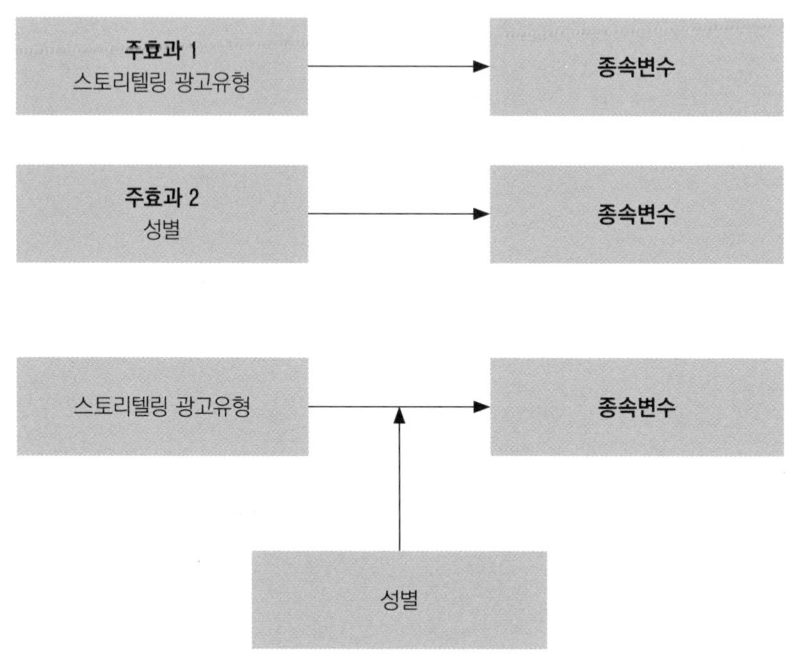

[그림 6-4] 주효과(위)와 상호작용효과(아래)

- **가설 2-1**: 기업창업 스토리텔링 광고의 경우 여자보다 남자가 광고태도가 높게 나타날 것이다.
- **가설 2-2**: 소비자경험 스토리텔링 광고의 경우 남자보다 여자가 광고태도가 높게 나타날 것이다.
- **가설 2-3**: 기업창업 스토리텔링 광고의 경우 여자보다 남자가 구매의도가 높게 나타날 것이다.
- **가설 2-4**: 소비자경험 스토리텔링 광고의 경우 남자보다 여자가 구매의도가 높게 나타날 것이다.

해당 가설은 2개의 독립변수가 결합한[(기업창업 스토리텔링 vs. 소비자경험 스토리텔링)×(남자 vs. 여자)] 상호작용효과에 대한 가설이다. 2개의 독립변수가 결합되어 종속변수에 차이가 있는지 비교하기 위해 이원분산분석을 실시해야 한다. 이때 2개의 독립변수는 명목척도로 구성되어야 하며, 종속변수는 등간척도 또는 비율척도로 구성되어야 한다.

① [분석] → [일반선형모형] → [일변량]을 클릭한다.

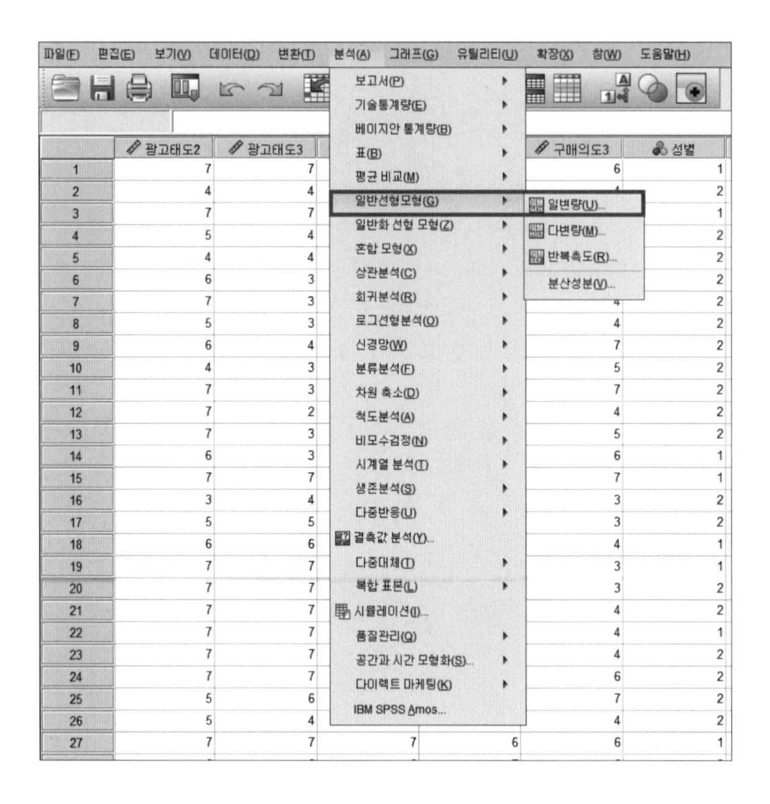

② [고정요인]에 2개의 독립변수를 넣고 [종속변수]에 광고태도를 넣은 후 [도표]를 클릭한다.

③ [수평축 변수]에 광고유형을 넣고 [선구분 변수]에 성별을 이동시킨다. 그런 다음 [추가(A)] → [계속] → [옵션]을 클릭한다.

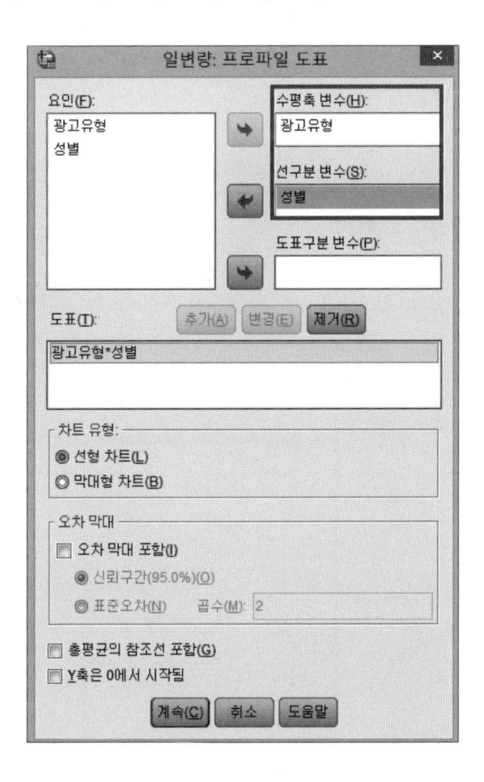

④ '기술통계량', '효과크기 추정값' 옵션에 체크하고 [계속] → [확인]을 클릭한다.

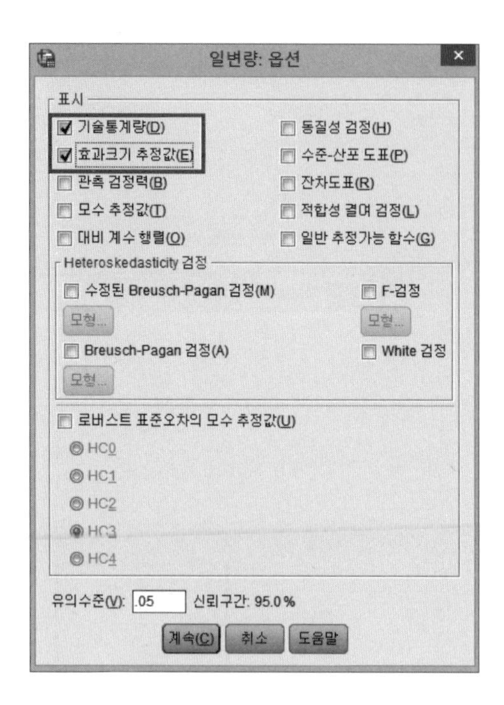

⑤ 광고유형×성별에 따른 광고태도 이원분산분석 결과를 확인한다.

기술통계량

종속변수: 광고태도

광고유형	성별	평균	표준편차	N
기업창업스토리	남자	5.6395	1.65669	49
	여자	4.2941	1.65817	51
	전체	4.9533	1.78220	100
소비자경험스토리	남자	4.1361	1.52285	49
	여자	4.7647	1.69744	51
	전체	4.4567	1.63688	100
전체	남자	4.8878	1.75403	98
	여자	4.5294	1.68626	102
	전체	4.7050	1.72484	200

개체-간 효과 검정

종속변수: 광고태도

소스	제 III 유형 제곱합	자유도	평균제곱	F	유의확률	부분 에타 제곱
수정된 모형	67.440[a]	3	22.480	8.399	.000	.114
절편	4432.378	1	4432.378	1656.019	.000	.894
광고유형	13.328	1	13.328	4.980	.027	.025
성별	6.418	1	6.418	2.398	.123	.012
광고유형 * 성별	48.688	1	48.688	18.191	.000	.085
오차	524.599	196	2.677			
전체	5019.444	200				
수정된 합계	592.039	199				

a. R 제곱 = .114 (수정된 R 제곱 = .100)

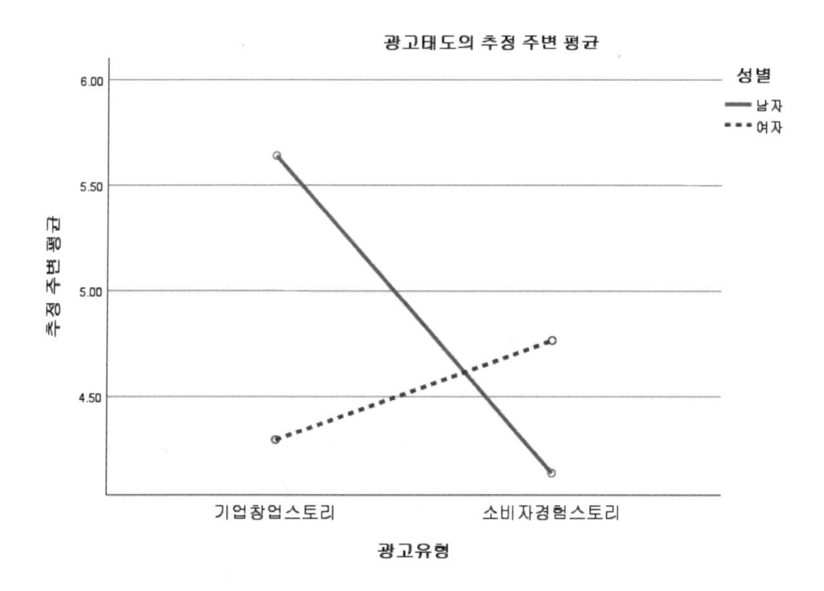

'주효과' 분석 결과를 살펴보면 광고유형의 유의확률이 .027로 .05보다 낮아 통계적으로 유의한 것으로 나타났다. 기업창업 스토리텔링 광고의 전체 평균값(M=4.9533)이 소비자경험 스토리텔링 광고의 전체 평균값(M=4.4567)보다 높은 것을 알 수 있다. 반면 성별의 경우 유의확률이 .123으로 .05보다 높아 통계적으로 유의한 수준에서 차이가 없는 것으로 나타났다.

다음으로 광고유형과 성별의 '상호작용효과'를 살펴보면 유의확률이 .000으로 .05보다 낮아 통계적으로 유의한 것으로 나타났다. 기술통계량을 살펴보면 기업창업 스토리텔링 광고의 경우 여자(M=4.2941)보다 남자(M=5.6395)의 평균값이 높고, 소비자경험 스토리텔링 광고의 경우 남자(M=4.1361)보다 여자(M=4.7647)의 평균값이 높은 것으로 나타났다. 따라서 광고유형과 성별은 광고태도에 상호작용효과가 있다고 할 수 있다.

- **가설 2-1**: 기업창업 스토리텔링 광고의 경우 여자보다 남자가 광고태도가 높게 나타날 것이다. (지지)
- **가설 2-2**: 소비자경험 스토리텔링 광고의 경우 남자보다 여자가 광고태도가 높게 나타날 것이다. (지지)

⑥ 구매의도의 경우도 광고태도와 동일하게 [분석] → [일반선형모형] → [일변량]을 클릭한 후 분석을 실시한다.

⑦ 광고유형×성별에 따른 구매의도 이원분산분석 결과를 확인한다.

기술통계량

종속변수: 구매의도

광고유형	성별	평균	표준편차	N
기업창업스토리	남자	4.7347	1.65409	49
	여자	4.2026	1.34838	51
	전체	4.4633	1.52193	100
소비자경험스토리	남자	4.0272	1.75836	49
	여자	4.4575	1.85946	51
	전체	4.2467	1.81441	100
전체	남자	4.3810	1.73502	98
	여자	4.3301	1.62116	102
	전체	4.3550	1.67388	200

개체-간 효과 검정

종속변수: 구매의도

소스	제 III 유형 제곱합	자유도	평균제곱	F	유의확률	부분 에타 제곱
수정된 모형	14.049[a]	3	4.683	1.689	.171	.025
절편	3792.574	1	3792.574	1367.640	.000	.875
광고유형	2.559	1	2.559	.923	.338	.005
성별	.129	1	.129	.047	.829	.000
광고유형 * 성별	11.573	1	11.573	4.173	.042	.021
오차	543.523	196	2.773			
전체	4350.778	200				
수정된 합계	557.573	199				

a. R 제곱 = .025 (수정된 R 제곱 = .010)

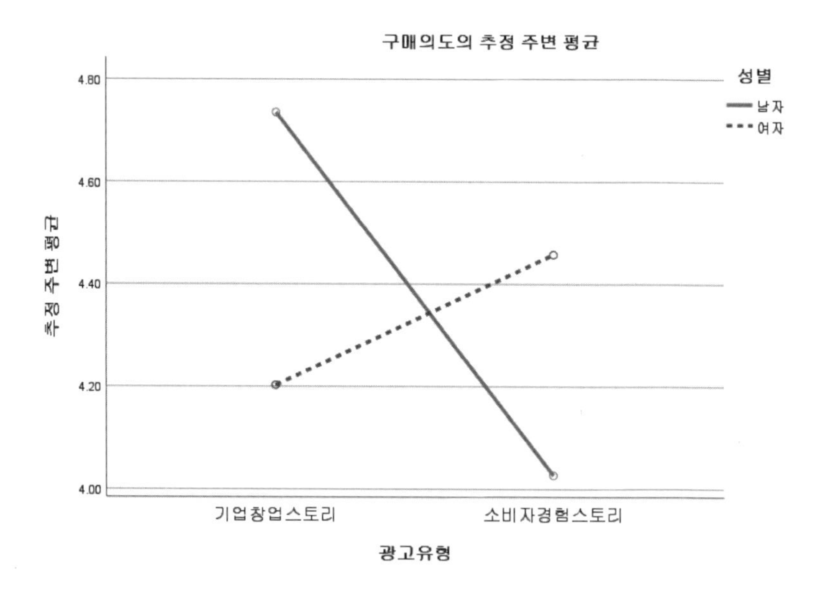

'주효과' 분석 결과를 살펴보면 광고유형이 유의확률은 .338로 .05보다 높게 나타나 통계적으로 유의한 수준에서 차이가 없는 것으로 나타났다. 성별의 경우도 유의확률이 .829로 .05보다 높게 나타나 통계적으로 유의한 수준에서 차이가 없는 것으로 나타났다.

다음으로 광고유형과 성별의 '상호작용효과' 분석 결과를 살펴보면 유의확률이 .042로 .05보다 낮아 통계적으로 유의한 것으로 나타났다. 기술통계량을 살펴보면 기업창업 스토리텔링 광고의 경우 여자(M=4.2026)보다 남자(M=4.7347)의 평균값이 높고, 소비자경험 스토리텔링 광고의 경우 남자(M=4.0272)보다 여자(M=4.4575)의 평균값이 높은 것으로 나타났다. 따라서 광고유형과 성별은 상호작용효과가 있다고 할 수 있다.

- **가설 2-3**: 기업창업 스토리텔링 광고의 경우 여자보다 남자가 구매의도가 높게 나타날 것이다. (지지)

- **가설 2-4**: 소비자경험 스토리텔링 광고의 경우 남자보다 여자가 구매의도가 높게 나타날 것이다. (지지)

1-9 실습 1에 대한 통계분석 결과 논문에 반영하기

▶ 실습 동영상 보기

위에서 연구모형과 가설, 변수의 조작적 정의를 작성해보았다. 이제 실제로 연구설계와 통계분석 결과 해석을 논문에 적용해보는 작업을 진행해보자. 통계분석 해석의 경우 위에서 실습한 분석 결과 이미지 중 빨간색으로 체크해놓은 부분을 중심으로 해석을 진행했으니 참고해서 보길 바란다.

실제 논문에 작성하기

1) 연구설계

본 연구는 스토리텔링 광고유형과 성별이 광고효과에 미치는 영향을 검증하기 위한 실험연구(experimental research)이다. 이러한 연구를 진행하기 위해 2(스토리텔링 광고: 기업창업 스토리텔링 vs. 소비자경험 스토리텔링) × 2(성별: 남자 vs. 여자)의 집단 간 설계(between-groups design)를 활용하였다. 집단 간 설계는 처치조건에 따라 서로 다른 집단을 사용하는 설계 방법으로 설계와 분석이 쉽고, 통계적 조건이 엄격하지 않다는 장점이 있다. 이를 위해 편의 표본추출법(convenience sampling)을 활용하여 총 200명을 대상으로 설문조사를 실시하였다.

본 연구에서 설정한 가설을 검증하기 위해 수집된 자료는 SPSS Statistics 프로그램을 이용하였으며, 통계적 유의수준은 $p < .05$로 95% 신뢰구간으로 설정하였다. 구체적인 분석 방법은 다음과 같다.

첫째, 설문조사에 참여한 응답자들의 인구통계학적 특성을 확인하기 위해 빈도분석

(frequency analysis)을 실시하였다. 둘째, 척도의 신뢰성을 검증하기 위해 신뢰도 분석(reliability test)을 실시하였다. 셋째, 스토리텔링 광고유형의 차이를 검증하기 위해 독립표본 t-test를 실시하였다. 마지막으로 스토리텔링 광고유형과 성별이 광고태도와 구매의도에 미치는 영향을 검증하기 위해 이원분산분석(two-way-ANOVA)을 실시하였다.

2) 분석 결과 ➡ 실습 진행한 통계분석 결과들을 참고하여 작성

(1) 표본의 인구통계학적 특성

본 연구를 수행하기 위한 표본은 총 200명으로 인구통계학적 특성은 [표 1]과 같다. 성별의 경우 남자 98명(49.0%), 여자 102명(51.0%)으로 여자가 남자보다 많은 것으로 나타났다. 연령의 경우 20-29세 125명(62.5%), 30-39세 22명(11.0%), 40-49세 38명(19.0%), 50세 이상 15명(7.5%)으로 20-29세가 많은 것으로 나타났다. 직업의 경우 대학/대학원생 116명(58.0), 직장인 58명(29.0%), 자영업 8명(4.0%), 기타 18명(9.0%)으로 대학/대학원생이 많은 것으로 나타났다.

[표 1] 표본의 인구통계학적 특성

구분		빈도	퍼센트
성별	남자	98	49.0
	여자	102	51.0
연령	20-29세	125	62.5
	30-39세	22	11.0
	40-49세	38	19.0
	50세 이상	15	7.5
직업	대학/대학원생	116	58.0
	직장인	58	29.0
	자영업	8	4.0
	기타	18	9.0
전체		200	100.0

(2) 척도의 신뢰도 분석

본 연구에 활용한 설문 항목에 대한 신뢰도(reliability) 검증을 실시하였다. 신뢰도 분석의 경우 크론바흐 알파(Cronbach's alpha) 계수를 이용해 검증을 실시하였다. 크론바흐 알파 계수는 0.6 이상이면 양호, 0.7 이상이면 적합, 0.8 이상이면 높다고 평가하며, 0.6 이하의 경우 신뢰도를 확보할 수 없다.

광고태도의 경우 '방금 본 광고는 마음에 든다', '방금 본 광고는 긍정적인 느낌이 든다', '방금 본 광고는 좋다' 총 3개의 측정항목을 사용하였고, 신뢰도 분석 결과 크론바흐 알파 계수는 .942로 나타나 신뢰성 확보에 문제가 없었다. 구매의도의 경우 '방금 본 광고의 제품을 살 것 같다', '방금 본 광고의 제품을 살 가능성이 있다', '방금 본 광고의 제품을 확실히 살 것 같다' 총 3개의 측정항목을 사용하였고, 신뢰도 분석 결과 크론바흐 알파 계수는 .913으로 나타나 신뢰성 확보에 문제가 없었다. 이에 대한 결과는 다음 [표 2]와 같다.

[표 2] 표본의 인구통계학적 특성

변수명	측정항목	항목 수	Cronbach's alpha
광고태도	방금 본 광고는 마음에 든다	3	.942
	방금 본 광고는 긍정적인 느낌이 든다		
	방금 본 광고는 좋다		
구매의도	방금 본 광고의 제품을 살 것 같다	3	.913
	방금 본 광고의 제품을 살 가능성이 있다		
	방금 본 광고의 제품을 확실히 살 것 같다		

(3) 가설 1의 검증

기업창업 스토리텔링 광고, 소비자경험 스토리텔링 광고에 따른 광고태도의 차이를 살펴보기 위해 독립표본 t-test를 실시하였다. 분석 결과 [표 3]에서 보는 바와 같이 기업창업 스토리(평균=4.9533, 표준편차=1.78220) 광고가 소비자경험 스토리(M=4.4567, SD=1.63688) 광고보다 광고태도가 높게 나타났다. 또한 통계적으로 유의한 것으로 나타났다($t=2.052$, $p=.041$). 즉, 광고태도의 경우 기업창업 스토리텔링 광고가 소비자경험 스토리텔링 광고보다 효과적이다.

[표 3] 스토리텔링 광고유형에 따른 광고태도 차이 분석 결과

구분	N	평균	표준편차	t	P
기업창업 스토리	100	4.9533	1.78220	2.052	0.041
소비자경험 스토리	100	4.4567	1.63688		

(4) 가설 2의 검증

기업창업 스토리텔링 광고, 소비자경험 스토리텔링 광고에 따른 구매의도의 차이를 살펴보기 위해 독립표본 t-test를 실시하였다. 분석 결과 [표 4]에서 보는 바와 같이 기업창업 스토리텔링(평균=4.4633, 표준편차=1.52193) 광고가 소비자경험 스토리텔링(M=4.2467, SD=1.81441) 광고보다 구매의도가 높게 나타났다. 그러나 통계적으로 유의하지 않은 것으로 나타났다($t=.915$, $p=.361$). 즉, 구매의도의 경우 기업창업 스토리텔링 광고와 소비자경험 스토리텔링 광고는 차이가 없다고 할 수 있다.

[표 4] 스토리텔링 광고유형에 따른 구매의도 차이 분석 결과

구분	N	평균	표준편차	t	P
기업창업 스토리	100	4.4633	1.52193	.915	.361
소비자경험 스토리	100	4.2467	1.81441		

(5) 가설 2-1, 2-2의 검증◆

스토리텔링 광고유형과 성별이 광고태도에 미치는 영향을 검증하기 위해 이원분산분석(two-way-ANOVA)을 활용한 상호작용효과(interaction effect)를 분석하였다. 아래 [표 5]에 나타난 바와 같이 스토리텔링 광고유형과 성별에 대한 상호작용효과는 통계적으로 유의한 것으로 나타났다(p=.000).

구체적으로 살펴보면 [표 6]과 같이 기업창업 스토리텔링 광고의 경우 남자(평균=5.6395, 표준편차=1.65669)가 여자(평균=4.2941, 표준편차=1.65817)보다 광고태도가 높은 것으로 나타났다. 반면 소비자경험 스토리텔링 광고의 경우 여자(평균=4.7647, 표준편차=1.69744)가 남자(평균=4.1361, 표준편차=1.52285)보다 광고태도가 높은 것으로 나타났다. 즉, 스토리텔링 광고와 성별은 광고태도에 상호작용효과가 있다고 할 수 있다.

[표 5] 스토리텔링 광고유형과 성별에 따른 광고태도 분산분석 결과

소스	제 III 유형 제곱합	자유도	평균제곱	F	유의확률	부분 에타 제곱
수정된 모형	67.440[a]	3	22.480	8.399	.000	.114
절편	4432.378	1	4432.378	1656.019	.000	.894
광고유형	13.328	1	13.328	4.980	.027	.025
성별	6.418	1	6.418	2.398	.123	.012
광고유형 * 성별	48.688	1	48.688	18.191	.000	.085
오차	524.599	196	2.677			
전체	5019.444	200				
수정된 합계	592.039	199				

◆ 독립변수에 대한 t-test를 실시하여 미리 주효과에 대해 검증 및 해석을 진행했기 때문에 주효과의 경우 해석을 따로 진행하지 않고 상호작용효과만 해석한다.

[표 6] 스토리텔링 광고유형과 성별에 따른 광고태도 기술통계량

광고유형	성별	평균	표준편차	N
기업창업 스토리	남자	5.6395	1.65669	49
	여자	4.2941	1.65817	51
	전체	4.9533	1.78220	100
소비자경험 스토리	남자	4.1361	1.52285	49
	여자	4.7647	1.69744	51
	전체	4.4567	1.63688	100
전체	남자	4.8878	1.75403	98
	여자	4.5294	1.68626	102
	전체	4.7050	1.72484	200

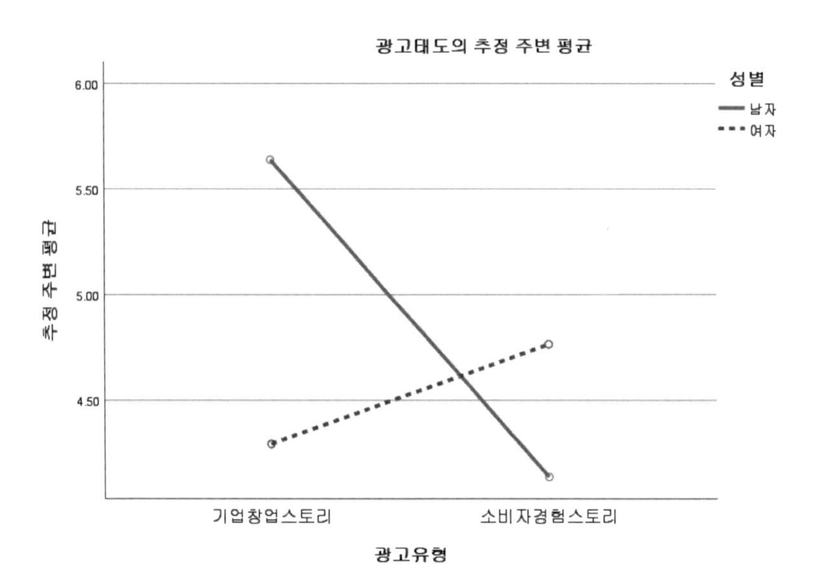

[그림 1] 스토리텔링 광고유형×성별에 따른 광고태도

(6) 가설 2-3, 2-4의 검증

스토리텔링 광고유형과 성별이 구매의도에 미치는 영향을 검증하기 위해 이원분산 분석(two-way-ANOVA)을 활용한 상호작용효과(interaction effect)를 분석하였다. 아래 [표 7]에 나타난 바와 같이 스토리텔링 광고유형과 성별에 대한 상호작용효과는 통계적으로 유의한 것으로 나타났다(p=.042).

구체적으로 살펴보면 [표 8]과 같이 기업창업 스토리텔링 광고의 경우 남자(평균=4.7347, 표준편차=1.65409)가 여자(평균=4.2026, 표준편차=1.34838)보다 구매의도가 높은 것으로 나타났다. 반면 소비자경험 스토리텔링 광고의 경우 여자(평균=4.4575, 표준편차=1.85946)가 남자(평균=4.0272, 표준편차=1.75836)보다 구매의도가 높은 것으로 나타났다. 즉, 스토리텔링 광고와 성별은 구매의도에 상호작용효과가 있다고 할 수 있다.

[표 7] 스토리텔링 광고유형과 성별에 따른 구매의도 분산분석 결과

소스	제 III 유형 제곱합	자유도	평균제곱	F	유의 확률	부분 에타 제곱
수정된 모형	14.049[a]	3	4.683	1.689	.171	.025
절편	3792.574	1	3792.574	1367.640	.000	.875
광고유형	2.559	1	2.559	0.923	.338	.005
성별	0.129	1	0.129	0.047	.829	.000
광고유형 * 성별	11.573	1	11.573	4.173	.042	.021
오차	543.523	196	2.773			
전체	4350.778	200				
수정된 합계	557.573	199				

[표 8] 스토리텔링 광고유형과 성별에 따른 구매의도 기술통계량

광고유형	성별	평균	표준편차	N
기업창업 스토리	남자	4.7347	1.65409	49
	여자	4.2026	1.34838	51
	전체	4.4633	1.52193	100
소비자경험 스토리	남자	4.0272	1.75836	49
	여자	4.4575	1.85946	51
	전체	4.2467	1.81441	100
전체	남자	4.3810	1.73502	98
	여자	4.3301	1.62116	102
	전체	4.3550	1.67388	200

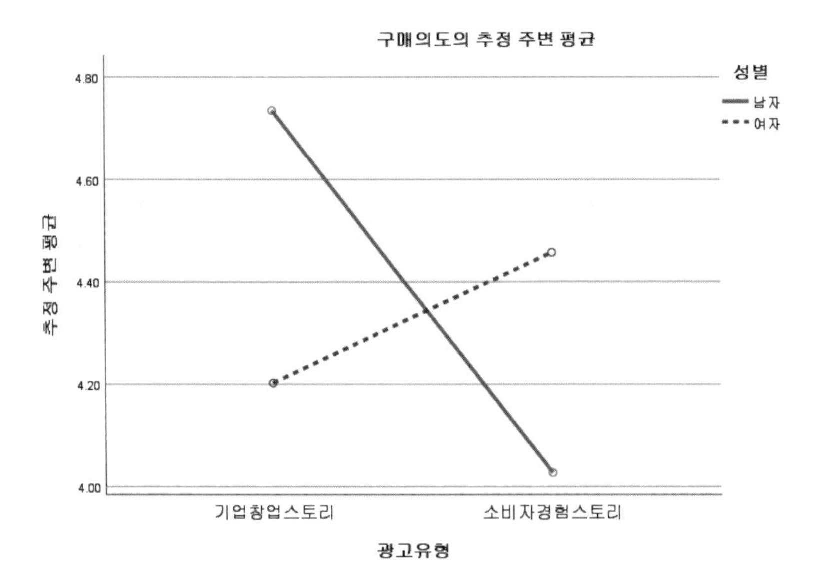

[그림 2] 스토리텔링 광고유형×성별에 따른 구매의도

(7) 가설 검증 결과

	연구가설	결과
가설 1	기업창업 스토리텔링 광고는 소비자경험 스토리텔링 광고보다 광고태도가 높게 나타날 것이다.	지지
가설 2	기업창업 스토리텔링 광고는 소비자경험 스토리텔링 광고보다 구매의도가 높게 나타날 것이다.	기각
가설 2-1	기업창업 스토리텔링 광고의 경우 여자보다 남자가 광고태도가 높게 나타날 것이다.	지지
가설 2-2	소비자경험 스토리텔링 광고의 경우 남자보다 여자가 광고태도가 높게 나타날 것이다.	지지
가설 2-3	기업창업 스토리텔링 광고의 경우 여자보다 남자가 구매의도가 높게 나타날 것이다.	지지
가설 2-4	소비자경험 스토리텔링 광고의 경우 남자보다 여자가 구매의도가 높게 나타날 것이다.	지지

2 실습 2

▶ 실습 동영상 보기

실습 2에서는 2개의 독립변수 중 1개의 변수가 명목척도가 아닌 등간척도로 구성되어 있을 때 통계분석 진행 방법에 대해 다뤄보고자 한다. 앞에서 언급했듯이 이원분산분석의 경우 종속변수를 제외한 2개의 독립변수는 명목척도로 구성해야 한다. 그러나 2×2 설계에 관한 선행연구들을 검토해보면, 조절변수의 역할을 하는 변수는 소비자들의 심리적 성향 또는 소비자 행동과 관련한 이론들(예: 관여도, 인지욕구 등)로 구성되어 있는 경우가 많다. 이러한 이론들은 조작적 정의를 통해 측정할 수 있고, 측정항목 대부분은 등간척도로 구성되어 있다. 이런 경우 평균을 중심으로 낮음과 높음으로 변환하여 분석해야 하는데, 실습을 통해 그 과정을 알아보자.

아울러 기업창업 스토리텔링 광고와 소비자경험 스토리텔링 광고로 구성된 독립변수에 대해 조작점검(manipulation check)을 실시하는 방법에 대해서도 알아보자. 대부분의 실험연구는 설문조사를 실시하기 전에 예비조사를 통해 실험물이 연구자가 의도한 대로 제대로 조작되었는가를 확인한다. 즉, 기업창업 스토리텔링 광고와 소비자경험 스토리텔링 광고에 대한 설문에 참여하는 응답자들이 실제 해당 스토리들을 제대로 이해하였는지 확인해야 한다. 만약 예비조사를 통해 조작점검이 실패하였다면 실험물 조작에 오류가 있다고 판단한다. 따라서 조작점검이 성공할 때까지 실험물을 보완하여 예비조사를 진행해야 한다.

조작점검을 진행하는 방법은 간단하다. 실험물에 관한 질문을 만들어 이를 측정하고 분석을 통해 확인하면 된다. 예를 들어 기업창업 스토리텔링 광고의 경우, 조사에 참여하는 응답자들이 해당 광고를 본 후 기업창업에 대한 스토리로 광고가 제작되었음을 인지해야 한다. 반면 소비자경험 스토리텔링 광고의 경우, 응답자들이 해당 광고를 본 후 소비자경험담을 바탕으로 광고가 제작되었음을 인지해야 한다. 이를 확인하기 위해서는 '방금 본 광고는 CEO의 창업이야기를 다루고 있다', '방금 본 광고는 소비자들의 제품사용경험을 이야기하고 있다'라는 2개의 질문을 만들어 비교해보면 된다. 조작점검에 대한 질문은 연구자가 임의로 만들고 단일항목으로 구성한다.

정리하면, 실습 1과 달리 실습 2에서는 2개의 독립변수 중 1개의 독립변수가 명목척도가 아닌 등간척도로 구성되고, 기업창업 스토리텔링 광고와 소비자경험 스토리텔링 광고의 조작점검 방법이 추가되었다. 독립변수의 경우 기존의 '성별'을 삭제하고 '소비자의 독특성욕구'라는 심리학 이론을 투입하였다. 이번 실습을 통해 2×2 연구설계 논문에 대해 더욱더 심도 있게 이해할 수 있을 것이다. 이에 관한 내용을 정리하면 다음과 같다.

실습 2 논문 총정리

1 제목

1. 스토리텔링 광고유형과 독특성욕구가 광고효과에 미치는 영향
2. 스토리텔링 광고유형이 광고태도 및 구매의도에 미치는 영향: 소비자의 독특성욕구의 조절효과

2 변수의 구성

1. 독립변수 1: 스토리텔링 광고유형(기업창업 스토리 vs. 소비자경험 스토리)
2. 독립변수 2(조절변수): 소비자의 독특성욕구(낮음 vs. 높음)
3. 종속변수: 광고효과(광고태도, 구매의도)

3 연구설계

2(스토리텔링 광고유형: 기업창업 스토리 vs. 소비자경험 스토리) × 2(소비자의 독특성욕구: 낮음 vs. 높음) 집단 간 설계(between-groups design)

4 설문지 구성항목

1. 소비자의 독특성욕구: '나는 어떤 제품이나 브랜드가 일반 대중 사이에 유행할수록 그것을 구입할 흥미를 잃어버린다', '나는 남들과 다르게 보이기 위해 특이한 제품을 수집한다', '나는 나의 개인적 독특성을 증가시킬 수 있는 새로운 제품이나 브랜드를 자주 탐색한다', '나는 제품을 구매할 때 종종 기존의 관습이나 규칙을 따르지 않는다' 총 4개
2. 광고태도: '방금 본 광고는 마음에 든다', '방금 본 광고는 긍정적인 느낌이 든다', '방금 본 광고는 좋다' 총 3개
3. 구매의도: '방금 본 광고의 제품을 살 것 같다', '방금 본 광고의 제품을 살 가능성이 있다', '방금 본 광고의 제품을 확실히 살 것 같다' 총 3개
4. 인구통계특성: 성별, 나이, 직업 총 3개

5 통계분석 방법

1. 기술통계, 빈도분석(일반적 특성에 대한 빈도)
2. 척도의 신뢰도 분석
3. 독립표본 t-test
4. 이원분산분석(two-way-ANOVA)

실습을 진행하기 전에 새롭게 추가한 소비자의 독특성욕구 이론(consumers' need for uniqueness)에 대해 간단히 알아보자. 소비자의 독특성욕구는 사회심리학 분야의 이론으로 자신과 타인을 차별화하려는 소비자들의 개인적 성향을 말한다. 독특성욕구가 높은 사람들은 다른 사람들과 다르게 보이고 싶은 욕망이 강하기 때문에 다양한 소비로 자신을 차별화한다. 즉, 소비자의 독특성욕구는 자신의 개성과 정체성을 소비행위를 통해 다른 이들과 구별되게 표현하려는 성향으로 사람마다 정도의 차이가 있는 하나의 성격이자 특성이다.

독특성욕구가 낮은 사람들은 일반적으로 평범한 상품과 브랜드를 사용함으로써 타인과 자신에 대해 구별을 시도하지 않는다. 반면 독특성욕구가 높은 사람들은 일반적인 생각이나 풍습으로는 흔히 받아들이기 힘든 상품과 브랜드를 사용함으로써 타인과 자신을 확실히 구분하기를 원한다. 선행연구에 의하면 독특성욕구가 낮은 사람들과 높은 사람들은 소비 형태에서 확실한 차이가 드러난다.

이제 소비자의 독특성욕구 이론을 투입하여 실습 2를 진행해보자. 이에 대한 연구모형, 연구문제와 가설, 설문지는 다음과 같다. 가설의 경우 꼭 선행연구를 검토한 후 작성하는 것이 좋다.

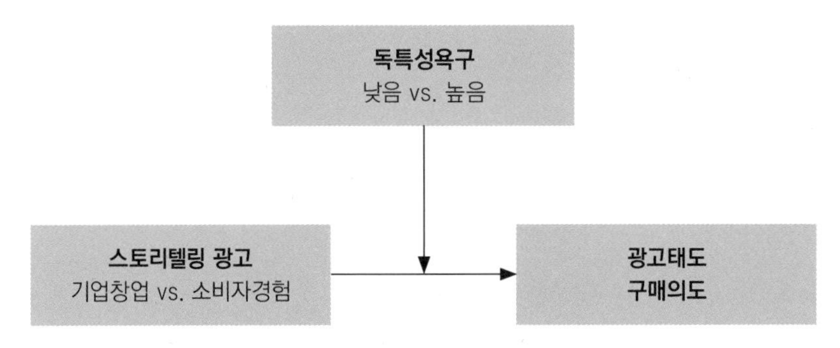

[그림 6-5] 스토리텔링 광고×독특성욕구 2×2 요인설계 연구모형

스토리텔링 광고가 광고태도, 구매의도에 미치는 영향에 대한 가설 예◆

- **연구문제 1:** 스토리텔링 광고유형은 광고효과에 차이가 있을 것인가? 또는 스토리텔링 광고유형은 광고태도 및 구매의도에 차이가 있을 것인가?
- 방향적 가설
  - 가설 1: 기업창업 스토리텔링 광고는 소비자경험 스토리텔링 광고보다 광고태도가 높게 나타날 것이다.
  - 가설 2: 기업창업 스토리텔링 광고는 소비자경험 스토리텔링 광고보다 구매의도가 높게 나타날 것이다.
- 비방향적 가설
  - 가설 1: 스토리텔링 광고유형은 광고태도에 차이가 있을 것이다.
  - 가설 2: 스토리텔링 광고유형은 구매의도에 차이가 있을 것이다.

스토리텔링 광고와 소비자의 독특성욕구가 광고태도, 구매의도에 미치는 영향에 대한 가설 예

홍길동(2020)은 패션 콜라보레이션 제품과 독특성욕구의 조절효과라는 연구를 진행하였다. 연구 결과를 살펴보면 독특성욕구 수준이 낮은 집단의 경우 주변에서 흔히 볼 수 있는 평범한 브랜드의 제품을 선호하며, 레드·핑크·블루 등 눈에 띄는 컬러의 패션 제품을 거부하는 성향이 높은 것으로 나타났다. 반면 독특성욕구가 높은 집단의 경우 일반적인 브랜드의 제품보다는 콜라보레이션 한정판과 같은 쉽게 구하기 어려운 제품들을 더욱 선호하며, 레드·핑크·블루와 같은 독특한 컬러의 패션 제품을 선호하는 성향이 높은 것으로 나타났다. 즉, 독특성욕구 수준에 따라 소비자들의 인식에 차이가 있음을 알 수 있다.

홍길순(2020)은 독특한 상품의 구매를 통해 소비자들이 자기 이미지와 사회적 이미지를 높이려고 하며, 이 과정에서 소비자의 독특성욕구가 조절변수로 작용할 수 있다고 주장하였다. 독특한 상품을 소비하는 이러한 행위는 다양한 원인에 의해 영향

◆ 가설 1과 가설 2에 대한 이론적 근거는 실습 1과 동일하여 따로 예를 들지 않았다.

을 받을 수 있는데, 상품과 브랜드를 구매하기 전에 광고의 영향을 받을 수 있다. 독특성욕구가 강한 소비자들은 독특한 광고를 통해 자신에게 어울리는 상품과 브랜드를 구매할 가능성이 높다. 특히, 스토리텔링 광고는 특정 기업이나 브랜드 혹은 특정 상품이 지닌 재미있고 독특한 이야기들을 광고에 내포하여 전달하는 커뮤니케이션 활동이므로 독특성욕구 수준에 의해 더 큰 영향을 받을 것이다.

이에 본 연구는 스토리텔링 광고와 독특성욕구가 광고효과에 미치는 영향을 검증해 보고자 한다. 독특성욕구 수준이 높은 집단의 경우 기업창업 스토리텔링 광고를 선호할 것으로 예상된다. 기업창업 스토리텔링 광고는 창업자가 어떠한 계기와 이유로 기업을 설립했고, 그 과정에서 어떤 사건들이 있었으며, 어떻게 그 위기를 극복하여 성공하였는지, 이러한 이야기들로 구성되어 있다. 이는 소비자경험 스토리텔링 광고와는 달리 아무나 쉽게 접할 수 있는 스토리가 아니다. 오로지 그 기업만이 가지고 있는, 즉 차별성을 지닌 독특한 스토리라고 할 수 있다.

반면 독특성욕구 수준이 낮은 집단의 경우 소비자경험 스토리텔링 광고를 선호할 것으로 예상된다. 소비자경험 스토리텔링 광고는 상품이나 브랜드의 구매경험 또는 사용하는 과정에서 생긴 재미있는 이야기나 편리한 사용방법과 관련한 소비자들의 일화로 구성되어 있다. 이는 소비자들이 상품이나 브랜드를 구매했을 때 일상생활에서 흔히 경험할 수 있는 스토리라고 할 수 있다. 따라서 기업창업 스토리텔링 광고는 독특성욕구가 높은 집단이 선호할 것으로 보이며, 소비자경험 스토리텔링 광고는 독특성욕구가 낮은 집단이 선호할 것으로 예상된다. 이에 다음과 같은 연구문제와 가설을 도출하였다.

- **연구문제 2**: 스토리텔링 광고는 소비자의 독특성욕구에 따라 광고효과에 차이가 있을 것인가? 또는 스토리텔링 광고는 소비자의 독특성욕구에 따라 광고태도 및 구매의도에 차이가 있을 것인가?
- **방향적 가설**
  - 가설 2-1: 기업창업 스토리텔링 광고의 경우 독특성욕구가 높은 집단이 낮은 집단보다 광고태도가 높게 나타날 것이다.
  - 가설 2-2: 소비자경험 스토리텔링 광고의 경우 독특성욕구가 낮은 집단이 높은 집단보다 광고태도가 높게 나타날 것이다.
  - 가설 2-3: 기업창업 스토리텔링 광고의 경우 독특성욕구가 높은 집단이 낮은 집단보다 구매의도가 높게 나타날 것이다.

- 가설 2-4: 소비자경험 스토리텔링 광고의 경우 독특성욕구가 낮은 집단이 높은 집단보다 구매의도가 높게 나타날 것이다.

- 비방향적 가설 1
  - 가설 2: 스토리텔링 광고유형은 독특성욕구에 따라 광고태도에 차이가 있을 것이다.
  - 가설 3: 스토리텔링 광고유형은 독특성욕구에 따라 구매의도에 차이가 있을 것이다.
- 비방향적 가설 2
  - 가설 2: 스토리텔링 광고유형이 광고태도에 영향을 미치는 데 있어 독특성욕구는 그 효과를 조절할 것이다.
  - 가설 3: 스토리텔링 광고유형이 구매의도에 영향을 미치는 데 있어 독특성욕구는 그 효과를 조절할 것이다.

설문지의 예

1) 다음은 소비자의 독특성욕구에 관한 문항입니다. 각 항목별로 해당하는 곳에 체크해주세요.

항 목	전혀 동의하지 않는다 — 보통이다 — 매우 동의한다
1) 나는 어떤 제품이나 브랜드가 일반 대중 사이에 유행할수록 그것을 구입할 흥미를 잃어버린다.	1 - 2 - 3 - 4 - 5 - 6 - 7
2) 나는 남들과 다르게 보이기 위해 특이한 제품을 수집한다.	1 - 2 - 3 - 4 - 5 - 6 - 7
3) 나는 나의 개인적 독특성을 증가시킬 수 있는 새로운 제품이나 브랜드를 자주 탐색한다.	1 - 2 - 3 - 4 - 5 - 6 - 7
4) 나는 제품을 구매할 때 종종 기존의 관습이나 규칙을 따르지 않는다.	1 - 2 - 3 - 4 - 5 - 6 - 7

2) 다음은 광고태도에 관한 문항입니다. 각 항목별로 해당하는 곳에 체크해주세요.

항 목	전혀 동의하지 않는다　　보통 이다　　매우 동의한다
1) 방금 본 광고는 마음에 든다.	1 - 2 - 3 - 4 - 5 - 6 - 7
2) 방금 본 광고는 긍정적인 느낌이 든다.	1 - 2 - 3 - 4 - 5 - 6 - 7
3) 방금 본 광고는 좋다.	1 - 2 - 3 - 4 - 5 - 6 - 7

3) 다음은 구매의도에 관한 문항입니다. 각 항목별로 해당하는 곳에 체크해주세요

항 목	전혀 동의하지 않는다　　보통 이다　　매우 동의한다
1) 방금 본 광고의 제품을 살 것 같다.	1 - 2 - 3 - 4 - 5 - 6 - 7
2) 방금 본 광고의 제품을 살 가능성이 있다.	1 - 2 - 3 - 4 - 5 - 6 - 7
3) 방금 본 광고의 제품을 확실히 살 것 같다.	1 - 2 - 3 - 4 - 5 - 6 - 7

4) 다음은 귀하의 개인 특성에 대한 질문입니다. 해당하는 곳에 체크하세요.

1. 귀하의 성별은? ① 남자 ② 여자

2. 귀하의 연령은? ① 20-29세 ② 30-39세 ③ 40-49세 ④ 50세 이상

3. 귀하의 직업은?

① 대학/대학원생 ② 직장인 ③ 주부 ④ 자영업 ⑤ 기타

2-1 예비조사와 조작점검

▶ 실습 동영상 보기 

설문조사를 실시하기 전에 예비조사를 통해 설문조사에 활용할 실험물이 연구자가 의도한 대로 잘 조작되었는지 조작점검을 통해 확인해야 한다. 위에서 언급한 조작점검 항목을 바탕으로 조사를 실시한다. 기업창업 스토리텔링 광고의 경우 '방금 본 광고는 CEO의 창업이야기를 다루고 있다', 소비자경험 스토리텔링 광고의 경우 '방금 본 광고는 소비자들의 제품사용경험을 이야기하고 있다'라는 항목으로 조작점검을 실시한다.

본 실습에서는 총 30명을 대상으로 예비조사를 실시한 경우를 예로 들어보겠다. 예비조사의 경우 상호작용에 대한 분석이 없고, 측정항목이 적어 집단 내 설계를 활용하였다. 30명 중 15명에게 기업창업 스토리텔링 광고를 보여준 후 2개의 조작점검 항목을 측정한 다음, 이어서 소비자경험 스토리텔링 광고를 보여준 후 2개의 조작점검 항목을 측정하였다. 나머지 15명에게는 소비자경험 스토리텔링 광고를 먼저 보여준 후 2개의 조작점검 항목을 측정한 다음, 이어서 기업창업 스토리텔링 광고를 보여준 후 2개의 조작점검 항목을 측정하였다. 여기서 중요한 점은 2개의 스토리텔링 광고에 2개의 조작점검 항목을 모두 체크해야 한다는 것이다. 그래야 서로 비교분석이 가능하다. 이렇게 조사를 실시하였다면, 앞서 1-2절 '코딩 따라하기'에서 실습한 대로 SPSS Statistics에 코딩해준다. 이후 독립표본 t-test를 실시한다.

① 조작점검 실습을 코딩한다.

② [분석] → [평균비교] → [독립표본 T검정]을 클릭한다.

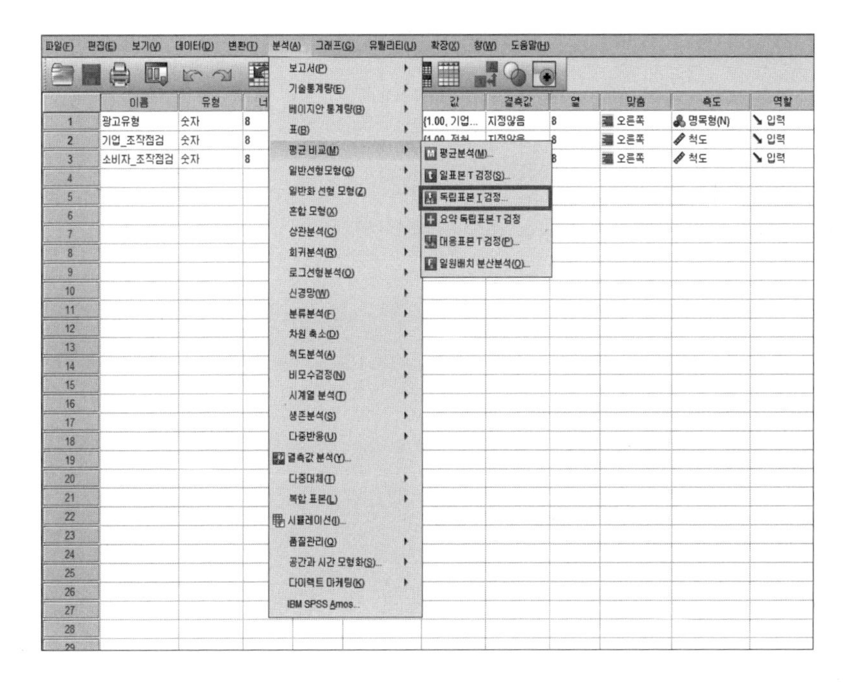

③ [검정변수]에 2개의 조작점검 항목을 이동시키고 [집단변수]에 독립 변수를 이동시킨다. [집단 정의]를 클릭하여 집단 1에 1, 집단 2에 2를 입력한 후 [계속] → [확인]을 클릭한다.

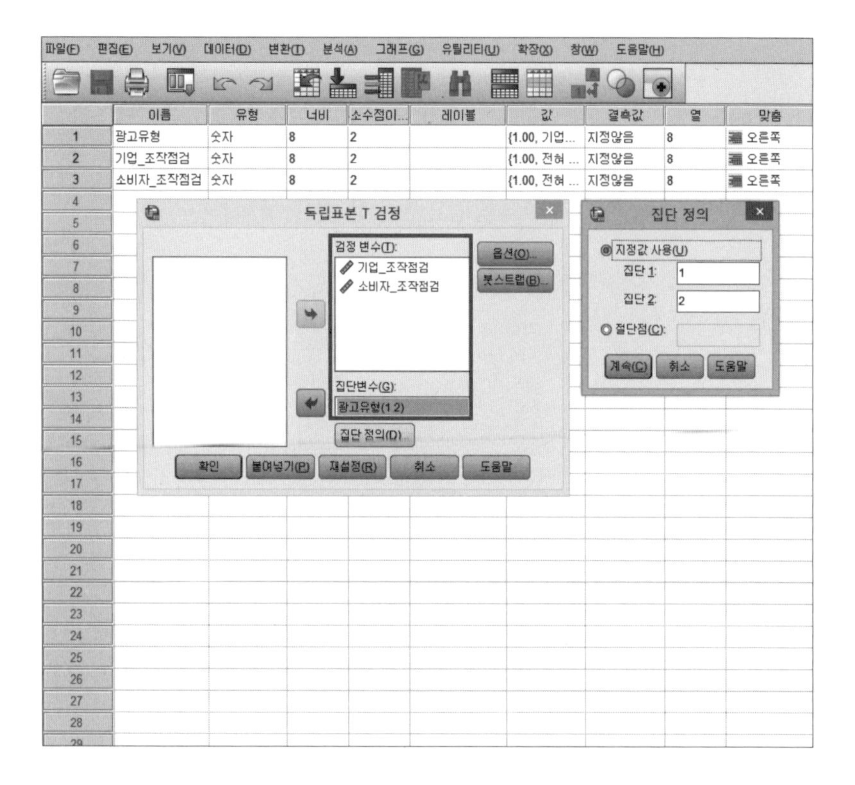

④ 조작점검 분석 결과를 확인한다.

집단통계량

	광고유형	N	평균	표준화 편차	표준오차 평균
기업_조작점검	기업창업스토리	30	6.0333	1.15917	.21163
	소비자경험스토리	30	4.1333	1.79527	.32777
소비자_조작점검	기업창업스토리	30	4.3333	1.60459	.29296
	소비자경험스토리	30	6.2667	1.04826	.19139

독립표본 검정

		Levene의 등분산 검정		평균의 동일성에 대한 T 검정						
									차이의 95% 신뢰구간	
		F	유의확률	t	자유도	유의확률 (양측)	평균차이	표준오차 차이	하한	상한
기업_조작점검	등분산을 가정함	6.091	.017	4.870	58	.000	1.90000	.39016	1.11902	2.68098
	등분산을 가정하지 않음			4.870	49.600	.000	1.90000	.39016	1.11619	2.68381
소비자_조작점검	등분산을 가정함	5.966	.018	-5.525	58	.000	-1.93333	.34993	-2.63380	-1.23287
	등분산을 가정하지 않음			-5.525	49.940	.000	-1.93333	.34993	-2.63621	-1.23045

조작점검 분석을 실시한 결과, 기업_조작점검(방금 본 광고는 CEO의 창업이야기를 다루고 있다)의 경우, 기업창업 스토리텔링 광고의 평균이 소비자경험 스토리텔링 광고의 평균보다 높게 나타났다. 또한 통계적으로 유의한 것으로 나타났다($p=.000$). 즉, 예비조사에 참여한 응답자들이 기업창업 스토리텔링 광고에 대해 'CEO의 창업이야기를 다루고 있다'는 점을 제대로 인지하고 있음을 알 수 있다.

반면 소비자_조작점검(방금 본 광고는 소비자들의 제품사용경험을 이야기하고 있다)의 경우, 소비자경험 스토리텔링 광고의 평균이 기업창업 스토리텔링 광고의 평균보다 높게 나타났다. 또한 통계적으로 유의한 것으로 나타났다($p=.000$). 즉, 예비조사에 참여한 응답자들이 소비자경험 스토리텔링 광고에 대해 '소비자들의 제품사용경험을 이야기하고 있다'는 점을 제대로 인지하고 있음을 알 수 있다. 즉, 독립변수의 조작점검이 성공적으로 이루어졌다.

2-2 변수 변환하기

▶ 실습 동영상 보기

독특성욕구를 명목척도로 전환하여 분석을 실시해야 한다. 분석을 진행하기 전에 독특성욕구 항목들을 합산해 하나의 변수로 만들어준다.

① [변환] → [변수계산]을 클릭한다.

파일(F) 편집(E) 보기(V) 데이터(D) 변환(T) 분석(A) 그래프(G) 유틸리티(U) 확장(X) 창(W) 도움말(H)

6 : 구매의도3 7.00

변수 계산(C)...
Programmability 변환...
케이스 내의 값 빈도(O)...
값 이동(F)...
같은 변수로 코딩변경(S)...
다른 변수로 코딩변경(R)...
자동 코딩변경(A)...
더미변수 작성
시각적 구간화(B)...
최적 구간화(I)...
모형화를 위한 데이터 준비(P)
순위변수 생성(K)...
날짜 및 시간 마법사(D)...
시계열 변수 생성(M)...
결측값 대체(V)...
난수 생성기(G)...
변환 중지 Ctrl+G

	광고태도2	광고			구매의도3	성별
1	7.00				6.00	1.00
2	4.00				4.00	2.00
3	7.00				3.00	1.00
4	5.00				7.00	2.00
5	4.00				6.00	2.00
6	6.00				7.00	2.00
7	7.00				4.00	2.00
8	5.00				4.00	2.00
9	6.00				7.00	2.00
10	4.00				5.00	2.00
11	7.00				7.00	2.00
12	7.00				4.00	2.00
13	7.00				5.00	2.00
14	6.00				6.00	1.00
15	7.00				7.00	1.00
16	3.00				3.00	2.00
17	5.00	5.00	2.00	2.00	3.00	2.00
18	6.00	6.00	5.00	4.00	4.00	1.00
19	7.00	7.00	1.00	4.00	3.00	1.00
20	7.00	7.00	3.00	3.00	3.00	2.00
21	7.00	7.00	2.00	4.00	4.00	2.00
22	7.00	7.00	5.00	4.00	4.00	1.00
23	7.00	7.00	4.00	4.00	4.00	2.00
24	7.00	7.00	5.00	6.00	6.00	2.00
25	5.00	6.00	6.00	7.00	7.00	2.00
26	5.00	4.00	4.00	4.00	4.00	2.00
27	7.00	7.00	7.00	6.00	6.00	1.00

② [목표변수]에 '독특성욕구'를 입력한다. 그런 다음 [숫자표현식(E)]에 '(독특성욕구1 + 독특성욕구2 + 독특성욕구3 + 독특성욕구4)/4'를 입력한다.

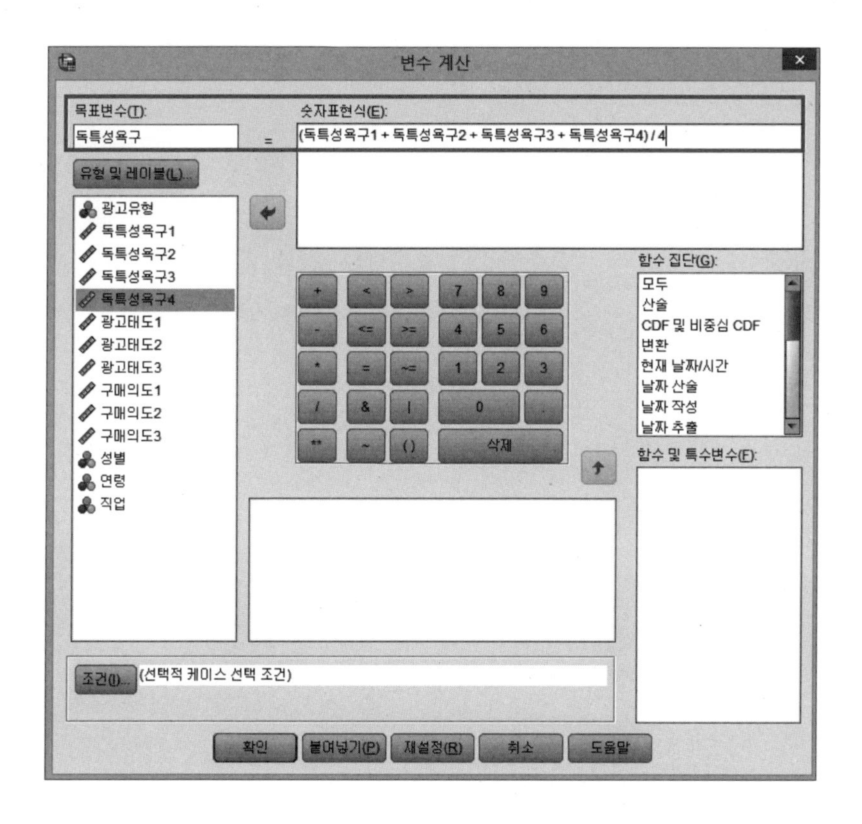

독특성욕구를 하나의 변수로 만들었다면, 평균값을 기준으로 해서 명목척도로 변환해야 한다. 이때 독특성욕구의 평균값보다 낮다면 독특성욕구가 낮은 집단, 평균값보다 높다면 독특성욕구가 높은 집단으로 본다.

③ [분석] → [기술통계량] → [기술통계]를 클릭한다.

④ [변수]에 '독특성욕구'를 넣은 후 왼쪽 아래 '표준화 값을 변수로 저장(Z)' 부분에 체크 표시를 하고 [확인]을 클릭한다.

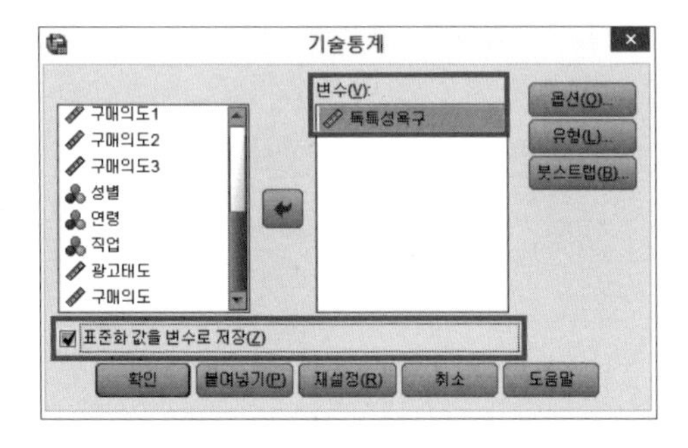

⑤ 기술통계분석 결과를 확인한다.

기술통계량

	N	최소값	최대값	평균	표준편차
독특성욕구	200	2.00	6.25	4.1613	1.06211
유효 N(목록별)	200				

기술통계분석 결과, 독특성욕구의 평균값은 4.1613이다. 이를 기준으로 해서 낮음과 높음, 두 집단으로 분리해야 한다.

⑥ [변환] → [다른 변수로 코딩변경]을 클릭한다.

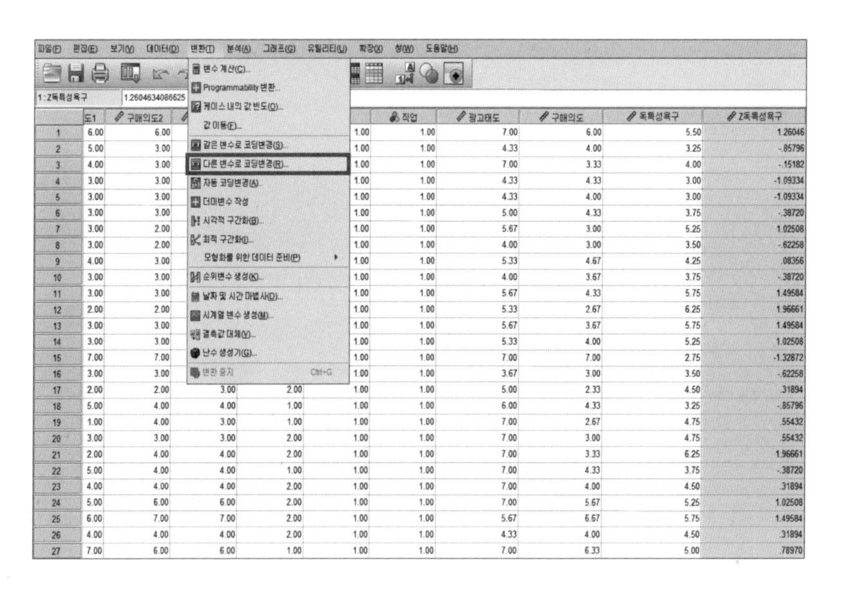

⑦ '표준화점수(독특성욕구)'를 [입력변수 -> 출력변수] 부분으로 이동시킨다.

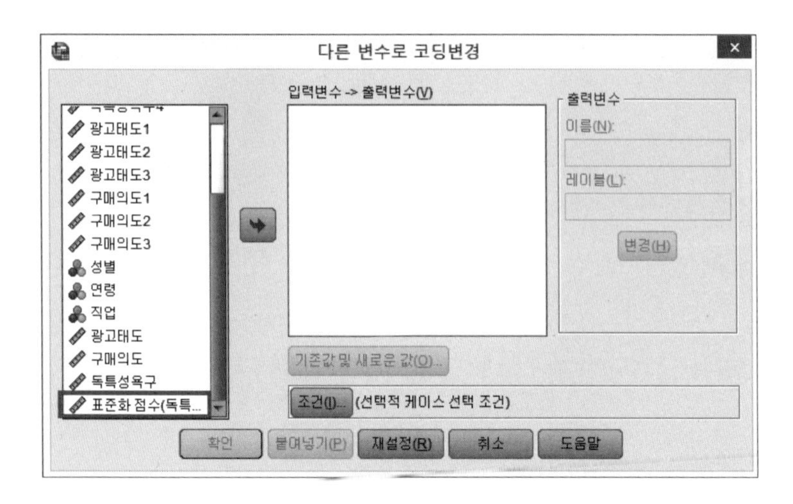

⑧ 오른쪽 [출력변수]의 이름 부분에 '독특성욕구수준'을 입력하고 [변경] 버튼을 클릭한다. [기존값 및 새로운 값] 버튼을 클릭한다.

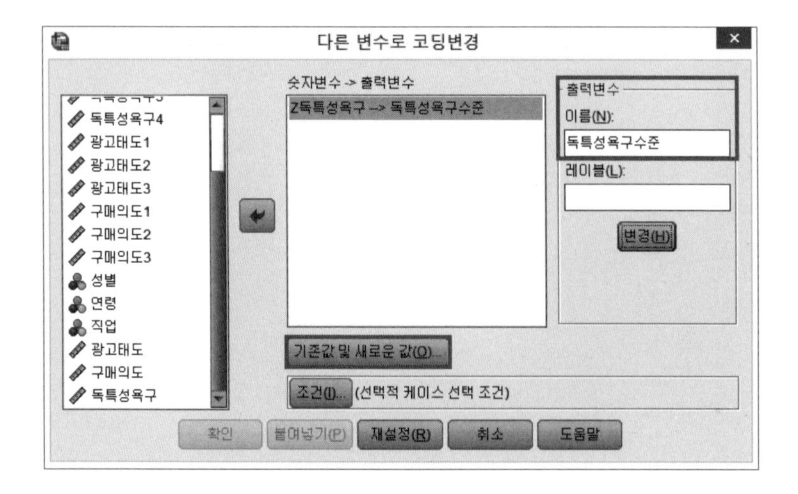

⑨ [최저값에서 다음 값까지 범위] 부분에 0을 입력하고 [새로운 값]의 '값' 부분에 1을 입력한 후 [추가] 버튼을 클릭한다.

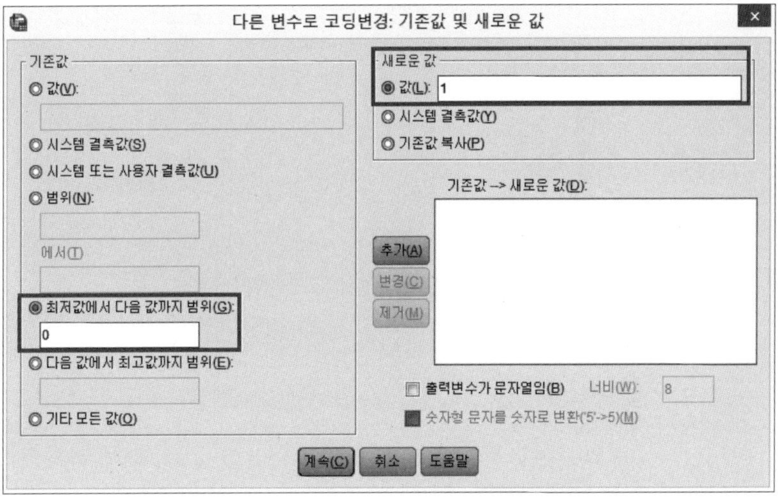

다른 변수로 코딩변경: 기존값 및 새로운 값
기존값
값(V):
시스템 결측값(S)
시스템 또는 사용자 결측값(U)
범위(N):
에서(T)
최저값에서 다음 값까지 범위(G):
0
다음 값에서 최고값까지 범위(E):
기타 모든 값(O)
새로운 값
값(L): 1
시스템 결측값(Y)
기존값 복사(P)
기존값 --> 새로운 값(D):
추가(A)
변경(C)
제거(M)
출력변수가 문자열임(B) 너비(W): 8
숫자형 문자를 숫자로 변환('5'->5)(M)
계속(C) 취소 도움말

⑩ [다음 값에서 최고값까지 범위] 부분에 0을 입력하고 [새로운 값]의 '값' 부분에 2를 입력한 후 [추가] → [계속] 버튼을 클릭한다.

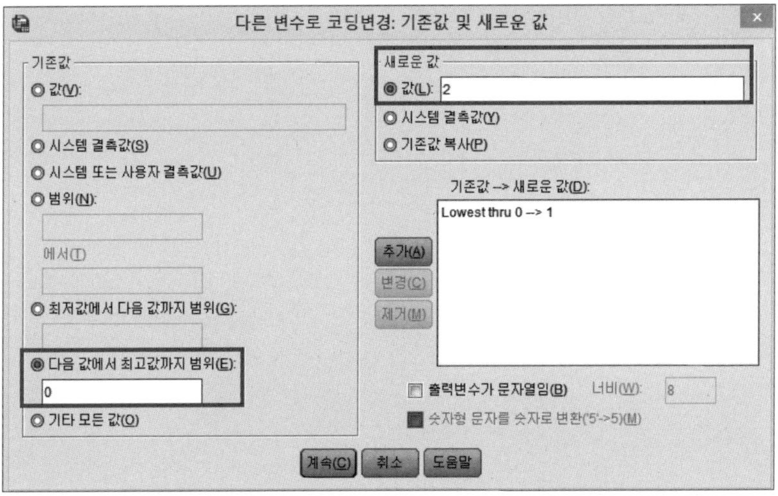

다른 변수로 코딩변경: 기존값 및 새로운 값
기존값
값(V):
시스템 결측값(S)
시스템 또는 사용자 결측값(U)
범위(N):
에서(T)
최저값에서 다음 값까지 범위(G):
다음 값에서 최고값까지 범위(E):
0
기타 모든 값(O)
새로운 값
값(L): 2
시스템 결측값(Y)
기존값 복사(P)
기존값 --> 새로운 값(D):
Lowest thru 0 --> 1
추가(A)
변경(C)
제거(M)
출력변수가 문자열임(B) 너비(W): 8
숫자형 문자를 숫자로 변환('5'->5)(M)
계속(C) 취소 도움말

⑪ [확인]을 클릭한다.

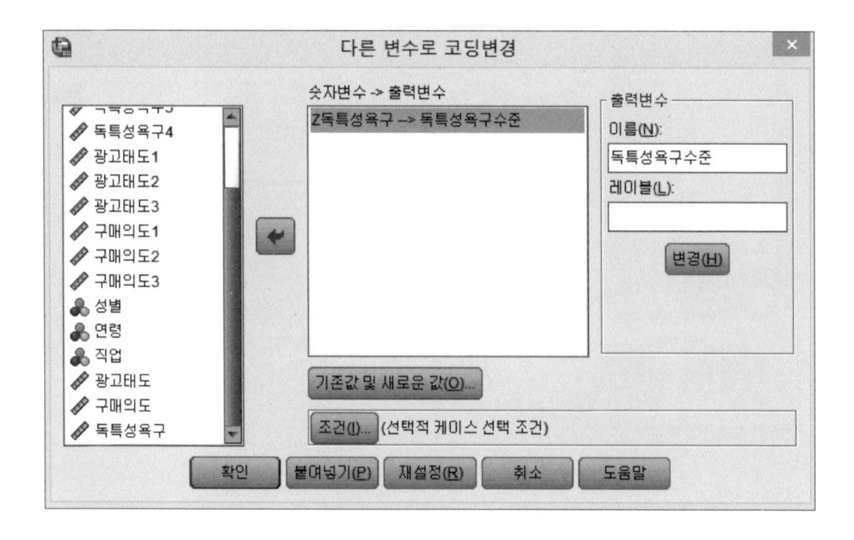

⑫ [변수보기]를 클릭한 후 새롭게 생긴 독특성욕구 수준 '값' 부분에 1번 낮음/2번 높음을 입력한다.

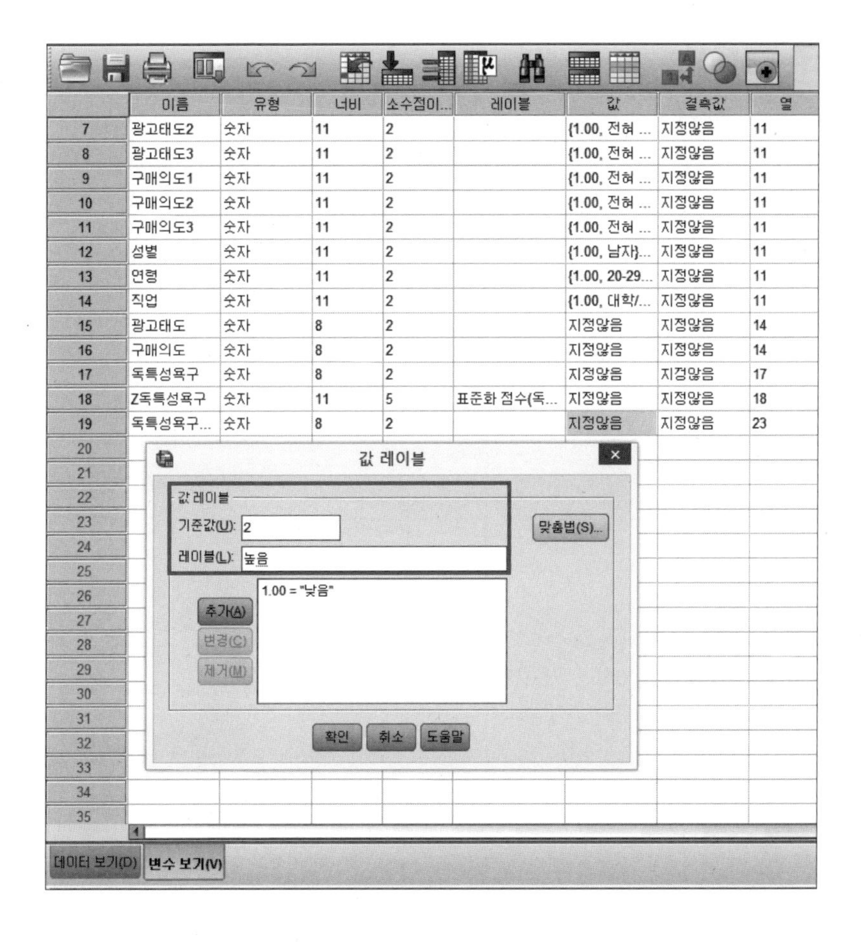

기술통계분석 시 '표준화 값을 변수로 저장' 옵션을 체크한 후 분석을 진행하였다. 이때 [데이터 보기] 오른쪽에 'Z독특성욕구' 항목이 새로 생겼는데, 이 항목은 독특성욕구의 표준화된 값으로 평균이 0이 된다. 그렇기 때문에 [다른 변수로 코딩변경] 메뉴에서 표준화된 값을 투입하여 0을 기준으로 해서 낮음과 높음으로 변환한 것이다. 독특성욕구의 실제 평균값인 4.1616을 기준으로 분류해도 동일한 결과를 얻을 수 있다.

2-3 이원분산분석

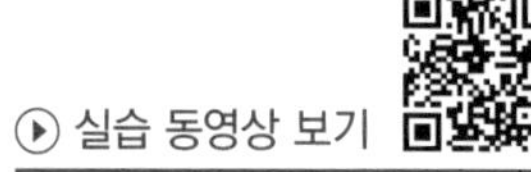

변환한 '독특성욕구' 변수로 실습 1에서 진행한 방법과 동일하게 이원분산분석(two-way-ANOVA)을 실시하면 된다.

① [분석] → [일반선형모형] → [일변량]을 클릭한다.

파일(F) 편집(E) 보기(V) 데이터(D) 변환(T) 분석(A) 그래프(G) 유틸리티(U) 확장(X) 창(W) 도움말(H)

보고서(P)
기술통계량(E)
베이지안 통계량(B)
표(B)
평균 비교(M)
일반선형모형(G)
일반화 선형 모형(Z)
혼합 모형(X)
상관분석(C)
회귀분석(R)
로그선형분석(O)
신경망(W)
분류분석(F)
차원 축소(D)
척도분석(A)
비모수검정(N)
시계열 분석(T)
생존분석(S)
다중반응(U)
결측값 분석(Y)...
다중대체(T)
복합 표본(L)
시뮬레이션(I)...
품질관리(Q)
공간과 시간 모형화(S)...
다이렉트 마케팅(K)
IBM SPSS Amos...

일변량(U)...
다변량(M)...
반복측도(R)...
분산성분(V)...

1 : 성별 1.00

	광고유형	독특성욕구1			독특성욕구4	광고태도1
1	1.00	6.00			5.00	7.00
2	1.00	1.00				5.00
3	1.00	3.00				7.00
4	1.00	2.00				4.00
5	1.00	1.00				5.00
6	1.00	3.00				6.00
7	1.00	7.00				7.00
8	1.00	7.00			1.00	4.00
9	1.00	7.00			3.00	6.00
10	1.00	4.00			5.00	5.00
11	1.00	7.00			5.00	7.00
12	1.00	7.00			6.00	7.00
13	1.00	7.00			6.00	7.00
14	1.00	7.00			5.00	7.00
15	1.00	1.00			6.00	7.00
16	1.00	6.00			1.00	4.00
17	1.00	4.00			6.00	5.00
18	1.00	2.00			4.00	6.00
19	1.00	7.00			5.00	7.00
20	1.00	3.00			3.00	7.00
21	1.00	4.00			7.00	7.00
22	1.00	2.00			4.00	7.00
23	1.00	4.00			5.00	7.00
24	1.00	7.00			5.00	7.00
25	1.00	6.00			5.00	6.00
26	1.00	7.00			4.00	4.00
27	1.00	7.00	7.00	1.00	5.00	7.00

② [고정요인]에 2개의 독립변수를 이동시킨다. [종속변수]에 광고태도를 이동시킨 후 [도표]를 클릭한다.

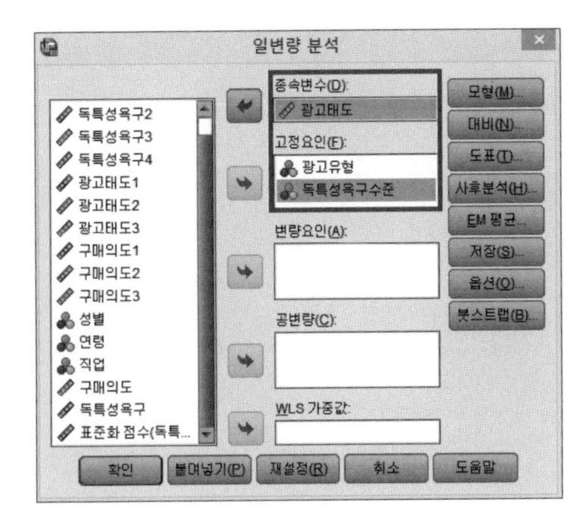

③ [수평축 변수]에 광고유형을 이동시키고 [선구분 변수]에 독특성욕구수준을 이동시킨다. [추가] → [계속] → [옵션] 버튼을 클릭한다.

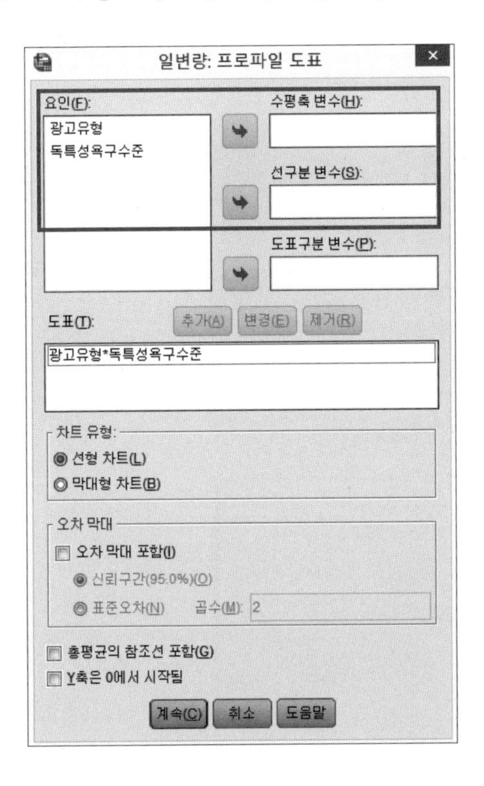

④ '기술통계량', '효과크기 추정값' 옵션에 체크하고 [계속] → [확인]을 클릭한다.

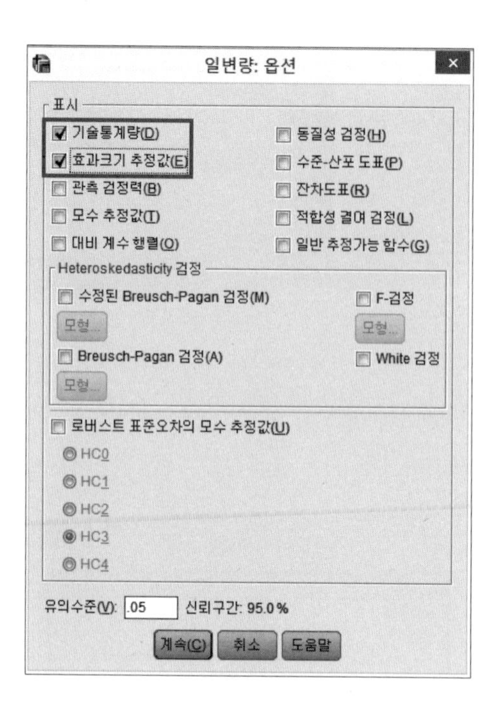

⑤ 광고유형×독특성욕구에 따른 광고태도 이원분산분석 결과를 확인한다.

기술통계량

종속변수: 광고태도

광고유형	독특성욕구수준	평균	표준편차	N
기업창업스토리	낮음	4.2267	1.79750	50
	높음	5.8551	1.22196	23
	전체	4.7397	1.79870	73
소비자경험스토리	낮음	4.6867	1.57562	50
	높음	4.1000	1.71031	20
	전체	4.5190	1.62472	70
전체	낮음	4.4567	1.69746	100
	높음	5.0388	1.70000	43
	전체	4.6317	1.71330	143

개체-간 효과 검정

종속변수: 광고태도

소스	제 III 유형 제곱합	자유도	평균제곱	F	유의확률	부분 에타 제곱
수정된 모형	48.430[a]	3	16.143	6.091	.001	.116
절편	2667.226	1	2667.226	1006.378	.000	.879
광고유형	12.565	1	12.565	4.741	.031	.033
독특성욕구수준	8.130	1	8.130	3.068	.082	.022
광고유형 * 독특성욕구수준	36.759	1	36.759	13.870	.000	.091
오차	368.395	139	2.650			
전체	3484.556	143				
수정된 합계	416.825	142				

a. R 제곱 = .116 (수정된 R 제곱 = .097)

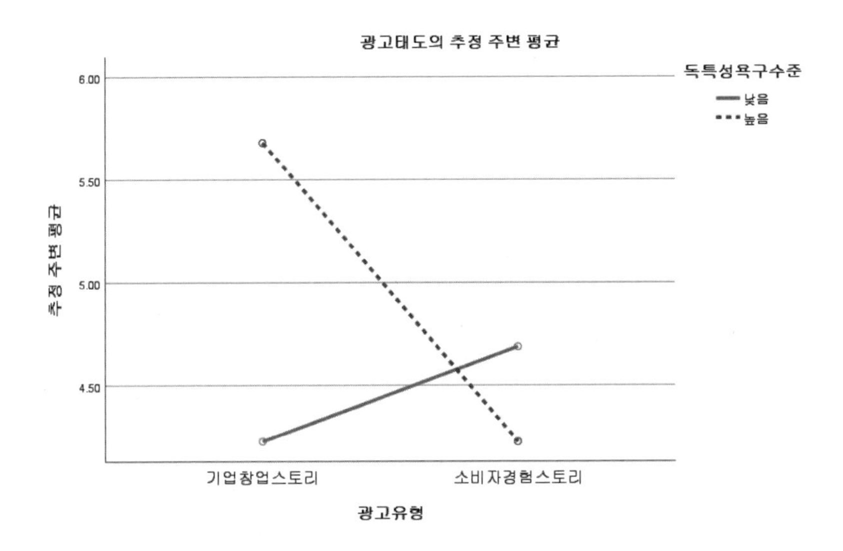

분석 결과를 살펴보면 광고유형의 유의확률이 .031로 .05보다 낮아 통계적으로 유의한 것으로 나타났다. 반면 독특성욕구의 경우 유의확률이 .082로 .05보다 높아 통계적으로 유의한 수준에서 차이가 없는 것으로 나타났다.

다음으로 광고유형과 독특성욕구의 상호작용효과를 살펴보면 유의확률이 .000으로 .05보다 낮아 통계적으로 유의한 것으로 나타났다. 기업창업 스토리텔링 광고의 경우 독특성욕구수준이 높은 집단의 평균값이 높고, 소비자경험 스토리텔링 광고의 경우 독특성욕구수준이 낮은 집단의 평균값이 높은 것으로 나타났다. 따라서 광고유형과 독특성욕구는 광고태도에 상호작용효과가 있다고 할 수 있다.

⑥ 광고유형×독특성욕구에 따른 구매의도 이원분산분석 결과를 확인한다.

기술통계량

종속변수: 구매의도

광고유형	독특성욕구수준	평균	표준편차	N
기업창업스토리	낮음	4.2067	1.49662	50
	높음	4.8696	1.60724	23
	전체	4.4155	1.55236	73
소비자경험스토리	낮음	4.7267	1.71123	50
	높음	3.4667	1.80448	20
	전체	4.3667	1.81792	70
전체	낮음	4.4667	1.62057	100
	높음	4.2171	1.82412	43
	전체	4.3916	1.68177	143

개체-간 효과 검정

종속변수: 구매의도

소스	제 III 유형 제곱합	자유도	평균제곱	F	유의확률	부분 에타 제곱
수정된 모형	29.688[a]	3	9.896	3.698	.013	.074
절편	2234.355	1	2234.355	835.020	.000	.857
광고유형	5.840	1	5.840	2.183	.142	.015
독특성욕구수준	2.671	1	2.671	.998	.319	.007
광고유형 * 독특성욕구수준	27.701	1	27.701	10.353	.002	.069
오차	371.938	139	2.676			
전체	3159.556	143				
수정된 합계	401.625	142				

a. R 제곱 = .074 (수정된 R 제곱 = .054)

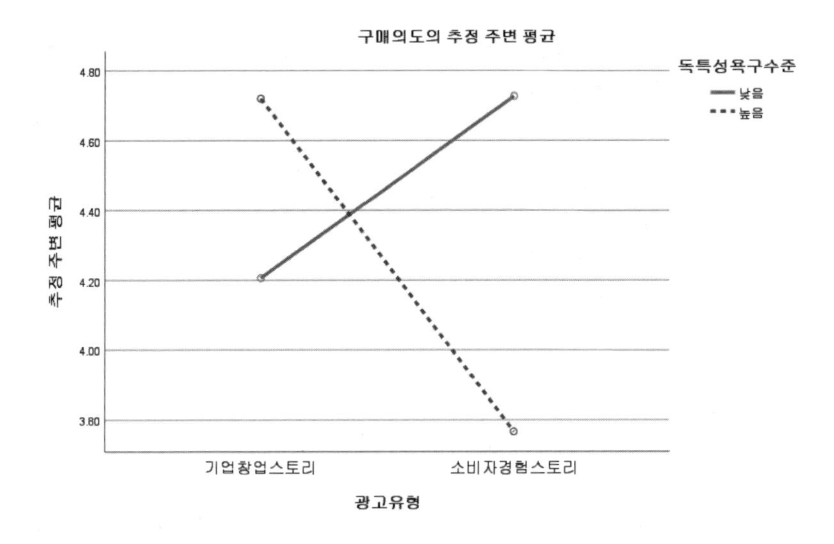

분석 결과를 살펴보면 광고유형의 유의확률이 .142로 .05보다 높아 통계적으로 유의한 수준에서 차이가 없는 것으로 나타났다. 한편 독특성욕구의 경우도 유의확률이 .319로 .05보다 높아 통계적으로 유의한 수준에서 차이가 없는 것으로 나타났다.

다음으로 광고유형과 독특성욕구의 상호작용효과를 살펴보면 유의확률이 .002로 .05보다 낮아 통계적으로 유의한 것으로 나타났다. 기업창업 스토리텔링 광고의 경우 독특성욕구 수준이 높은 집단의 평균값이 높고, 소비자경험 스토리텔링 광고의 경우 독특성욕구 수준이 낮은 집단의 평균값이 높은 것으로 나타났다. 따라서 광고유형과 독특성욕구는 구매의도에 상호작용효과가 있다고 할 수 있다.

2-4 실습 2에 대한 통계분석 결과 논문에 반영하기

▶ 실습 동영상 보기 

실습 2에서 진행한 통계분석 결과에 대한 해석은 실습 1과 동일하게 진행하면 된다. 다만 실습 1에는 없었던 독립변수 조작점검에 대해서는 연구설계에 새로 해석을 추가해야 한다. 실습 2에 대한 통계분석 해석은 실습 1을 참고하여 그대로 작성하면 되니 여기서는 생략하고, 연구설계만 새롭게 작성해보자.

실제 논문에 작성하기

• **연구설계**

본 연구는 스토리텔링 광고유형과 독특성욕구가 광고효과에 미치는 영향을 검증하기 위한 실험연구(experimental research)이다. 이러한 연구를 진행하기 위해 2(스토리텔링 광고: 기업창업 스토리 vs. 소비자경험 스토리) × 2(독특성욕구: 낮음 vs. 높음)의 집단 간 설계(between-groups design)를 활용하였다. 집단 간 설계는 처치조건에 따라 서로 다른 집단을 사용하는 설계 방법으로, 설계와 분석이 쉽고 통계적 조건이 엄격하지 않다는 장점이 있다. 이를 위해 편의 표본추출법(convenience sampling)을 활용하여 총 200명을 대상으로 설문조사를 실시하였다.

실험에 앞서 스토리텔링 광고유형에 대해 응답자들이 제대로 인지하고 응답할 것인가를 확인하기 위해 '방금 본 광고는 CEO의 창업이야기를 다루고 있다', '방금 본 광고는 소비자들의 제품사용경험을 이야기하고 있다'라는 두 가지 항목으로 예비조사를 실시하여 독립변수 조작점검을 실시하였다. 조작점검 결과 '방금 본 광고는 CEO의 창업이야기를 다루고 있다'의 경우, 기업창업 스토리텔링 광고(평균=6.0333, 표준편차=1.15917)가 소비자경험 스토리텔링 광고(평균=4.1333, 표준편차=1.79527)보다 평균값이 높아 통계적으로 유의한 것으로 나타났다(p=.000). 반면 '방금 본 광고는 소비자들의 제품사용경험을 이야기하고 있다'의 경우, 소비자경험 스토리텔링 광고(평균=6.2667, 표준편차=1.04826)가 기업창업 스토리텔링 광고(평균=4.333,

표준편차 = 1.60459)보다 평균값이 높아 통계적으로 유의한 것으로 나타났다 (p = .000). 즉, 독립변수 조작이 성공하였음을 확인하였다.

본 연구에서 설정한 가설을 검증하기 위해 수집한 자료는 SPSS Statistics 프로그램을 이용하였으며, 통계적 유의수준은 $p < .05$로 95% 신뢰구간으로 설정하였다. 구체적인 분석 방법은 다음과 같다.

첫째, 설문조사에 참여한 응답자들의 인구통계학적 특성을 확인하기 위해 빈도분석(frequency analysis)을 실시하였다. 둘째, 척도의 신뢰성을 검증하기 위해 신뢰도 분석(reliability test)을 실시하였다. 셋째, 스토리텔링 광고유형의 차이를 검증하기 위해 독립표본 t-test를 실시하였다. 마지막으로 스토리텔링 광고유형과 성별이 광고태도와 구매의도에 미치는 영향을 검증하기 위해 이원분산분석(two-way-ANOVA)을 실시하였다.

• 가설 검증 결과

연구가설		결과
가설 1	기업창업 스토리텔링 광고는 소비자경험 스토리텔링 광고보다 광고태도가 높게 나타날 것이다.	지지
가설 2	기업창업 스토리텔링 광고는 소비자경험 스토리텔링 광고보다 구매의도가 높게 나타날 것이다.	기각
가설 2-1	기업창업 스토리텔링 광고의 경우 독특성욕구가 높은 집단이 낮은 집단보다 광고태도가 높게 나타날 것이다.	지지
가설 2-2	소비자경험 스토리텔링 광고의 경우 독특성욕구가 낮은 집단이 높은 집단보다 광고태도가 높게 나타날 것이다.	지지
가설 2-3	기업창업 스토리텔링 광고의 경우 독특성욕구가 높은 집단이 낮은 집단보다 구매의도가 높게 나타날 것이다.	지지
가설 2-4	소비자경험 스토리텔링 광고의 경우 독특성욕구가 낮은 집단이 높은 집단보다 구매의도가 높게 나타날 것이다.	지지

참고문헌

김계수 (2013). 《AMOS 18.0 구조방정식 모형 분석》. 한나래아카데미.

구동모 (2017). 《연구방법론》. 창명.

류성진 (2013). 《커뮤니케이션 통계방법》. 커뮤니케이션북스.

이명천 (2005). 《광고연구방법론》. 커뮤니케이션북스.

이학식 (2009). 《마케팅 조사》. 법문사.